超能
金小弟
1 電氣人誕生

目錄

讓自己成為活用科學的人！

各位小朋友，你是否有過這些疑問——「為什麼要學這個？」、「這個知識在日常生活中派得上用場嗎？」

本書主角金多智也有相同的疑問，他是個好奇心旺盛的小男孩，每天都向爸爸、媽媽和老師提出各式各樣的問題。從多智提出的問題中，我們可以看到現代教育經常面臨的批評——學校總是教一些無法運用在現實生活中的知識。

在本書中，多智經常對生活中大大小小的事情提出疑問，例如燈泡裡的鎢絲為什麼用久了會燒掉？電池如何儲存和釋放電力？透過提出問題與尋找答案，讓多智學到應用在日常生活中的科學原理，這段過程稱為「創意的科學教育」。這種學習方式不僅跳脫制式的教育框架，同時融合了科技、工程等領域的知識，進而可能激發出嶄新的創意。

如今全球各領域都朝向「多元融合」發展，像是智慧型手機、平板電腦等產品，均結合了工程、科學等方面的技術，可說是「融合」的代表性產物，也讓我們的社會和生活有了極大的改變。

世界各國的教育也逐漸朝「多元融合」的目標發展，以臺灣近年興起的「跨學科教育（STEAM）」為例，即是結合科學（Science）、科技（Technology）、工程（Engineering）、藝術（Arts）和數學（Mathematics），不僅培養學生具備全方位的思考力，還能啟發創意性的問題解決力。以往的教育方式讓學生有如待在庭院裡的草地上學習，跨學科教育則是結合多個領域的知識，讓學生彷彿身處於廣闊的森林中探索，開闊視野、增廣見聞，得以不斷增進自己的能力。

如果想讓自己成為能活用科學，而不是被科學束縛的人，可以仿效本書主角金多智，對生活中的大小事都抱持好奇心。也許這樣你就能發現，科學不是寫在課本或考卷上的死板科目，而是與生活密不可分的趣味知識。希望大家都能成為充滿觀察力和想像力的人！

徐志源

事件 1

流星掉在我家！

「只要認真且用力的想像，人類就有可能讓夢想成真！」

這句話是我在最喜歡的漫畫中看到的，意思是只要你想像某件事物，它就有可能變成真的。但是，我從未想像過家裡出現隕石，它卻擅自掉進我家的院子，看來即使不用想像，奇蹟也有可能發生，我想這就是命運的安排吧！

「但是，即使沒有想像過，有些事還是會發生。」我應該建議那本漫畫的作者加上這句話。

我叫做金多智，就讀冷泉國小四年級，班上的同學都叫我「金無智」，雖然這是取笑我成績不好的綽號，但是我認為，這是因為他們不了解我。我的成績確實不好，可是我覺得自己很有知識呀！只是我擁有的知識都不會在課本或考卷上出現。

雖然大家經常以考試成績來評價別人，但這是錯的！所以我也不是「無智」！因為我其實非常喜歡學習！就像今天上自然課時，我向老師提出這個疑問：「老師，可以教我們在日常生活中會用到的知識嗎？」

講臺上的老師停下寫黑板的手，緩緩轉身並睜大眼睛看著我。

「金多智，你再說一次。」

老師可能沒聽清楚我說的話吧！所以我很有耐心的放大音量，再放慢說話的速度，希望老師這次能好好聽清楚。

「我們之前花了很長的時間學習『電路的串聯與並聯』、『光的折射與反射』，也做了很多的實驗。可是學會這些知識有什麼用？它們好像和我們的生活無關，即使不學也沒關係吧！與其教這些無關緊要的小事，我希望學校能教一些生活中確實會用到的知識。」

「所以你認為學校應該教什麼？」

老師說話的音量漸漸變大，撐在講臺上的手也微微發抖。

「例如拯救世界和幫助人類的方法，這才是真正有用的知識。」

「拯救世界和幫助人類？」

老師的眉毛挑高，聲音也變得尖銳，根據我一天到晚被罵的經驗，這些是老師下一秒就要氣得火山爆發的預兆，也是我最好停止提問的訊號。

不過我認為我這個問題非常好，所以我很有自信的繼續說：「對啊！拯救世界和幫助人類多重要呀！我認為，我們應該學習打倒怪物與怪獸的方法、發生戰爭時如何阻止飛彈發射、往哪裡逃才不會被掉下來的人造衛星砸到、與外星人接觸時要怎麼躲過他們的雷射槍……」

「快停止！金多智，你的問題太莫名其妙了！

學校才不會教這些事！」

老師果真火山爆發，氣得打斷了我的話。同學們也都哈哈大笑，甚至有人笑到上氣不接下氣。

「看電影是很好的興趣，但是把電影和生活搞混，這就不太好了。老師希望各位同學都能分清楚幻想與現實的不同。」

「果然不是『多智』，而是『無智』啊！」坐在我後面的班長江泰烈小聲的說著。

不知如何是好的我，只好默默的坐下，然後回頭看了一眼坐在我斜後方的熙珠。宋熙珠是我喜歡的女生，但是此時她竟然避開我的目光。

「天才總是孤獨的。」這句話果然沒錯！我無奈的低頭嘆氣。

雖然大家都認為我說的話是電影中才會發生的事，但是就像那句話說的：「只要認真且用力的想像，人類就有可能讓夢想成真！」只要是人類可以想像到的事物，不管是什麼，都有可能實現。

沒錯！因為不久之後，確實有不可思議的事發生在我身上！

某天晚上，我幫媽媽洗完碗盤後，獨自到家附近的小山丘散步。我很喜歡坐在小山丘的單槓上，望著夜晚的星空，因為在這種空曠的地方，天上的星星看起來特別明亮。

我往下看向我常和朋友一起玩的公園，還有我家所在的社區，雖然有些地方被樹木擋住而看不清楚，但我還是看見了我家的房子和院子。

我一直抬頭欣賞美麗的星星，突然間，我看到天上出現某個閃亮的東西——原來是一顆流星！它拖著長長的尾巴，慢慢劃過廣大的夜空。

如果我有帶媽媽剛買的相機，就能把這麼美侖美奐的場面拍下來了！肯定是一張很棒的照片！

就在我感到可惜的時候，我想起卡通的主角都會向流星許願，所以我雙手合十，對著流星說：「希望怪物和怪獸永遠不會出現、戰爭不會發生、人造衛星不會掉下來、拜訪地球的外星人都愛好和平、我再也不會被同學取笑……」

當我努力嘗試說完所有心願時，奇怪的事發生了！那顆原本看起來很小的流星，漸漸變得越來越大！難道是它離我越來越近了？

「不會吧！」

在我自言自語的瞬間，那顆流星更靠近我了！我可以看到它發出紅色和綠色的光芒，還噴出七彩的火花，而且速度越來越快了！

然後——

流星掉下來了！

那裡是——

我家附近！

目睹這個不可思議的景象後，我有如被石化般愣在原地。回過神後，我立刻拔腿狂奔回家。

「如果流星掉到我家怎麼辦？如果有人受傷怎麼辦？爸爸、媽媽和姐姐都在家裡啊！」我忍不住邊跑邊擔心起來。

根據我以前看過的電影，流星撞擊地球後，地面會劇烈晃動，隨即造成停電，人們則在不見天日的黑暗中尖叫並逃跑，接著引發搶奪食物和能源的戰爭……太可怕了！

就在我覺得彷彿跑了一天這麼久的時間後，終於回到我家所在的社區了！拜託，大家千萬不要發生什麼意外！

咦？我們社區似乎沒有停電，每間房子的燈都亮著。周遭也沒有人尖叫或逃跑，大家都在做自己的事。而且發生這麼大的事，竟然連一輛警車或消防車都沒出現，太奇怪了！

「流星掉到哪兒了？如果有人受傷就糟了！」

我擔心的在社區內四處察看，並沒有發現流星掉落的痕跡。

我記得以前在書上看過，大部分的流星在掉到地面前，就會與地球的大氣層摩擦燃燒而消失。我剛才看到的流星應該也是這樣，掉落前就消失了。

想到這裡，我鬆了一口氣，決定放棄尋找流星，轉身走回家。

「那是什麼？」回到家後，我發現院子的角落竟然冒出一陣白色的煙！

我好奇的靠近那陣白煙，發現有個紅色的東西正在燃燒。

「難道是……」

奇妙的預感如閃電般出現在我的腦海裡，我立刻跑進倉庫，拿起鏟子就往回衝，再用它拼命的把泥土挖起來，並蓋在冒煙的地方上。周遭溫度因為泥土覆蓋而降低後，白色的煙霧也漸漸變少。

我發現那個紅色的東西正因為燃燒而冒出紅色的光芒，我想把它拿起來看，又覺得用手碰正在燃燒的東西很危險，於是我用鏟子慢慢翻動，讓它滾到院子裡的水管旁。

滋滋！

紅色的東西被水澆熄後，冒出許多白色的煙。煙霧散去後，我發現這是一顆比小拇指的指甲更小的石頭。

難道這就是流星？

我好奇的觀察這顆小石頭，它的顏色黑漆漆，形狀不方也不圓，沒有什麼特別的地方，和路邊隨處可見的石頭一樣，如果告訴別人它其實是流星石，應該沒有任何人會相信。

可是我知道，這顆小石頭就是流星石！是一顆有如奇蹟般，掉進我們家院子裡的流星石！

而且後來我發現，即使外觀不起眼，這顆小流星石也蘊藏著強大的力量！

事件 2

把流星石放進鼻孔！

爸爸經常加班，媽媽則忙著開會，所以這陣子我們家都要等到晚上八點多才能吃晚餐。

這麼晚吃飯，以前的我一定會因為餓得要死而狼吞虎嚥。可是現在不一樣，即使過了八點才吃飯，我也不覺得肚子餓，因為放學回家後，我總是迫不及待的去摸那顆小流星石，想著也許它是被外星人走路時不小心踢到，或是外星怪獸打架時丟出來，才會穿越宇宙，飛到地球來……我不停的想東想西，時間就這樣迅速流逝，我有時還覺得怎麼這麼快就要吃晚餐了。

我們家有爸爸、媽媽、姐姐和我四個人，和其他人相比，我覺得沒什麼特別的地方，但是爸爸、媽媽都認為我們家是非常特別的「科學家庭」。

「我們家因為科學而緊密的團結在一起，是不折不扣的科學家庭。」

每當爸爸自豪的說出這些話後，媽媽都會得

意的附和說：「沒錯！爸爸是發明家，我是自然老師，姐姐是擅長科學的小天才，多智則是非常喜歡科學的好奇寶寶。」

這些話我已經聽了好幾次，但是我始終無法認同。看到我一臉不同意，媽媽似乎以為我沒有信心，於是語重心長的對我說：「多智，你對很多事都充滿強烈的好奇心，這是很好的事。別小看好奇心，也許你會因此成為科學家，然後改變世界。許多科學家都擁有強烈的好奇心，才會進行研究並發明事物，例如大家都知道的愛迪生和愛因斯坦。」

「爸爸也認為多智絕對有成為科學家的潛力！因為你出生在非常優秀的科學家庭啊！」

我們家真的是「科學家庭」嗎？在學校擔任自然老師的媽媽，也許勉強能和科學扯上關係。爸爸雖然自稱是發明家，但他只是在電器公司上班，負責冰箱、洗衣機、電視等產品的研發和製造。不過我一直到國小三年級為止，都認為爸爸是專門研究機器人的博士，而且製造了許多維護地球和平的超大機器人。

前幾天，爸爸小心翼翼的拿著一張紙，壓低聲音對我說：「多智，看好了！如果你認為它只是掃地機器人的設計圖，那就大錯特錯了！雖然爸爸之前的確設計過掃地機器人，不過我已經製造出負責守護臺灣的祕密機器人，它幾乎和101大樓一樣高，還具有……」

看著那張左看右看都只是掃地機器人設計圖的紙，我忽然有點想睡覺。

「如果發生戰爭，總統府的屋頂就會打開，爸爸製造的祕密機器人會立刻從那裡出動！」

爸爸越說越誇張了！他是不是忘記我已經10歲，能分辨話的真假了！

「可是爸爸，你上次說我們家底下有祕密基

地，如果有敵人來襲，基地裡的祕密機器人就會馬上出動。」我忍不住提醒爸爸，希望他能發現我已經不是會輕易被騙的小孩子了。

聽到我說的話之後，爸爸看起來有點慌張。

「我說過這種話嗎？因為臺灣有很多機器人基地，我只能和你說這麼多，剩下就是國家機密，我不能再透露了，對不起喔！」

看來在爸爸的心裡，我還是那個單純、容易上當的金多智。

「多智，你要用功讀書，否則爸爸無法任命你為祕密機器人的駕駛員。」

爸爸經常對我說這種話，所以一直到國小三年級為止，我都非常努力念書，認真的寫了好幾本自修和評量，還做了很多爸爸製造的冰箱和洗衣機都變成巨大機器人的夢。

「吃飯囉！」

媽媽迅速的把飯菜一一端上桌，讓我再次感嘆她真的很厲害！媽媽不但能做好所有家事，還可以同時做很多事，例如一邊切洋蔥，一邊看瓦斯爐上的料理有沒有燒焦，有時還會一邊和別人講電話。除此之外，她還可以同時觀察我有沒有認真寫作業，如果我不專心，媽媽就會用腳輕輕踢我的屁股。我都懷疑媽媽其實才是真正的萬能機器人了！

媽媽經常要求我做家事，但是我覺得她的理由有點奇怪，因為她說成為科學家的必要條件，就是把家事做得盡善盡美。

「多智，其實家裡每個角落都藏著不同的科學知識，如果你可以把每件家事都做好，未來研究科學時就能得心應手，像是洗碗、擦玻璃、掃地板、刷馬桶……媽媽是不是經常一邊做這些家事，一邊和你解釋各種科學原理，對不對？」

天啊！做家事原來這麼重要，居然能幫助科學研究！

雖然媽媽說的話很有道理，但是我其實沒這麼想成為科學家耶！不管我用什麼理由，都無法動搖媽媽要藉由做家事，來把我培養成科學家的堅定信念，所以我每天都做很多家事。

當不當科學家這件事先放在一邊，總之，我暫時不要洗碗比較好，因為我發現自己洗太多碗盤和筷子，手上竟然長了家庭主婦經常有的溼疹。

「這麼晚了，有娜怎麼還沒回家？」爸爸邊夾菜邊說。

「應該是補習班比較晚下課吧！」媽媽把湯放上桌後，也拉開椅子坐下來。

我的姐姐金有娜，現在就讀國中八年級，也是爸爸、媽媽口中的「科學小天才」。

和成績經常吊車尾的我不同，姐姐總是名列前茅，國中還進入資優班就讀，不僅每天都很晚才放學，連假日也要到補習班上課。不過姐姐有個祕密只有我知道——她只擅長課本裡的科學知識，對課本以外的知識卻一竅不通！這件事連爸爸、媽媽都不知道喔！

「我們先開動吧！」

看來爸爸已經餓到無法等姐姐回家，宣布開動後，他立刻狼吞虎嚥的吃著飯，不到一會兒，餐桌上的料理大多都進了爸爸的嘴巴裡。

我對餐桌上的料理提不起興趣，一隻手拿著筷子，另一隻手則在口袋裡不斷撫摸小流星石。

終於，我忍不住將口袋裡的小流星石放到餐桌上，爸爸、媽媽看到後紛紛露出疑惑的表情。

「爸爸，你相信有一顆流星掉在我們家的院子裡，而且被我撿到嗎？」

「哈哈！我覺得這是非常有趣的假設！」

爸爸說話時，從嘴裡噴出了一些飯粒，就像我那天看到的流星，拖著長長的尾巴並掉在餐桌上。

「媽媽，如果撿到流星石，我該怎麼辦呢？」

「多智，流星掉到地面後，應該稱為隕石。看來你最近很喜歡讀故事書，不過媽媽有個建議，雖然讀故事書也很好，但是多看點實用的書會更棒喔！剛好媽媽今天在逛書店時，發現了一些很適合你讀的科學書籍。」

媽媽開始介紹那些科學書籍的內容有多好，似乎沒打算回答我的問題，我必須說得更直接了當一點。

「如果我真的撿到一顆隕石，我們家會不會因此變成有錢人？或是變得超級有名？我有機會上電視接受訪問嗎？」

我的疑問像子彈般不斷發射，此時，爸爸的視線移到小隕石上。

「沒錯！爸爸，它就是我撿到的隕石！」我非常激動的說著，雙手緊緊握在胸前，期待爸爸會做出什麼反應。

沒想到——

「老婆，今天的湯太好喝了！你果然是漂亮又賢慧的完美女超人！對了，是誰在吃飯時，把石頭放在桌子上？快拿走！」

唉！情況和我想像的完全不一樣，我無奈的嘆了口氣，失望的把小隕石放回口袋裡。

此時，下課回來的姐姐走到餐桌旁。「媽媽，鄰居的小狗是不是偷偷跑來我們家院子玩？泥土被翻得亂七八糟的！」

「不是，那是我……」

被爸爸、媽媽和姐姐的六顆眼珠子盯著，話都還沒說完，我就不好意思的低下頭。

「我是因為有流……」

「金多智，你在院子裡挖洞，是覺得地下藏著會危害地球的外星人嗎？」

姐姐坐在餐桌前，生氣的盯著我看，不服輸的我也努力挺起胸膛，與姐姐四目相對。

此時，媽媽仍不忘提起她最自豪的事。「多智，我們是科學家庭，而且家裡有冰箱，不必做挖地儲藏食物這種事。」

聽到這句話後，我再也忍不住了！我放下筷子，握緊拳頭，決定說出真相。

「院子會亂七八糟，真的是因為流星掉到我們家造成的！」

姐姐不耐煩的瞪著我。「別再胡說八道了！快吃飯！」

雖然我氣得滿臉通紅，不過我已經10歲了，再過幾年就會成為頂天立地的男子漢，為了證明自己說的話是真的，我一定要咬緊牙關撐下去！我以前在書上看過，許多偉大的發明和重大的發現，起初都無法得到其他人的贊同，甚至被嘲笑、批評，可是幾百年後，它們的厲害之處都得到了證明。

雖然現在沒有人相信我真的發現了隕石，但是我知道，真相遲早有一天會大白。歷經千辛萬苦才找到隕石的我，未來也會因為這項偉大的發現，而被許多人崇拜。

有如參加大胃王比賽，瞬間把飯菜吃得精光的爸爸，離開餐桌後，立刻躺到客廳的沙發上，隆起的肚子就像一座小山丘。他用腳趾靈活的按下遙控器，打開電視，此時新聞剛好在播放秋天的景色。

「哈哈！我親手製作的電視，品質果然不是蓋的！你們看這清晰的畫面，滿山遍野的火紅楓葉彷彿就在眼前！」

雖然爸爸一直讚嘆自己的傑作，但是我完全無法認同，因為這臺電視三不五時就故障，不知道修理多少次了！

由於這臺電視是爸爸公司的產品，大家才睜一隻眼、閉一隻眼的忽略層出不窮的狀況，否則精明的媽媽早就拿去賣場退貨了！

「這臺電視真的很棒！每個畫面都像一幅靜止不動的畫呢！」

因為媽媽和姐姐都對爸爸的自吹自擂沒有反應，讓我覺得爸爸有點可憐，所以我隨便說了一些話來附和他。

「金多智，你說的話也太假了吧！電視裡說話的人、奔馳的汽車，還有歌手被風吹起的頭髮，這些看起來像是靜止不動的畫嗎？如果沒有常識，就不要隨便開口說一些違反常理的事。」

姐姐又跳出來，假裝自己什麼都懂了！不過爸爸對她說的話沒有太大的反應，反而扶著腰，吃力的想從沙發上坐起來——我彷彿看到一隻體型巨大的鯨魚，掙扎著想從海洋跳到陸地上，真是太壯觀了！

「多智，你怎麼會知道電視的原理呢？」

「他說的是對的嗎？」姐姐睜大眼睛，不敢置信的問爸爸。

「沒錯，電視的畫面其實和我們看到的不一樣，不是持續在動的。至於我們為什麼會覺得在動，是因為電視將很多張靜止的連續畫面，以快速、接續的方式播放，才讓我們的眼睛產生畫面在動的錯覺。」

「電視播放畫面的速度有多快呢？」我好奇的問爸爸。

「一秒大約能播放50張靜止的畫面，是人類肉眼無法辨識的超快速度喔！我們平常看的電視則是以一秒24～30張畫面的速度播放影片。」

「所以我們是多虧了眼睛產生的錯覺，才能看電視嗎？」這次換姐姐提出疑問。

「沒錯，當物體的樣子投射在眼睛裡的視網膜時，視神經會把這個訊息傳到腦，我們就會看到物體的影像。但是當物體消失時，我們看到的影像不會立刻消失，而是會保留0.1～0.4秒，這種現象稱為『視覺暫留現象』。

電視就是利用視覺暫留現象，再快速且接續的播放很多張靜止的連續畫面，才讓我們覺得畫面在動，如果沒有視覺暫留現象，我們就看不到電視了。」

講解完「看電視」的原理後，爸爸在紙上畫出電視的構造，希望讓我們更了解電視。我第一次聽到「電子槍」這個東西，感覺超酷的！好像宇宙大戰中會用到的武器！所以我決定把爸爸說明的內容，記錄在我的筆記本上。

映像管電視的構造

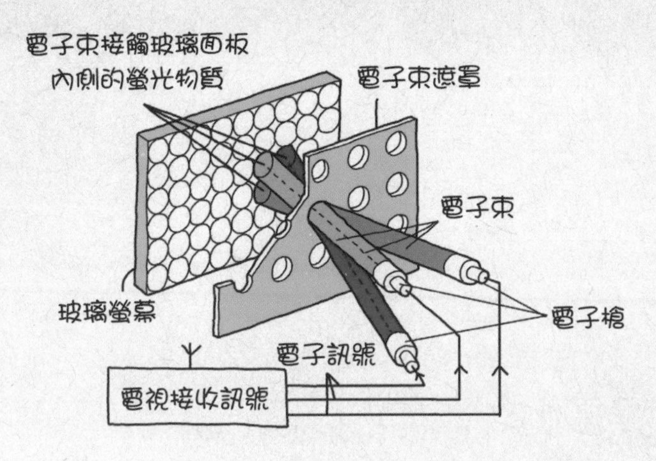

〈映像管電視的構造〉

現在的電視都是外型扁平的「液晶電視」，以前的彩色電視則叫做「映像管電視」，因為後面有一塊叫做映像管的構造，讓它的體積超大，看起來就像大大的屁股，所以很多人都稱這種電視為「大屁股電視」。這麼說來，我好像在二手電器行看過它呢！

映像管又稱陰極射線管，曾經是廣泛用來製作電視和電腦螢幕的儀器。電子槍則是映像管電視中相當重要的構造，總共有紅色、綠色和藍色三支，它們會把電子集合成一束並射向玻璃螢幕，電子束與玻璃面板內側的螢光物質接觸後，能呈現出各式各樣的色彩，電視畫面就會是彩色。

映像管電視有笨重、耗電、占空間等缺點，所以幾年前就被淘汰了，但是偶爾還能看到。改天，我想叫爸爸帶我去二手電器行，

見識一下這種電視的「屁股」裡到底還藏著什麼祕密！

爸爸又說，現在的液晶電視大多是接收數位訊號的數位電視，但是以前的映像管電視都是接收電子訊號。

電視臺先利用攝影機拍攝影像，再透過各地的訊號發射站等設施，將電子訊號發送出去。透過天線接收電子訊號後，經由電視內的電子槍等裝置轉換，訊號就會變成我們看到的電視畫面了。

不過電子訊號發送時，會受到地形、氣候等因素影響，導致電視的畫面出現模糊或跳動等問題。爸爸說，以前映像管電視發生這種問題時，有時只要敲一敲就能修好，真是神奇！

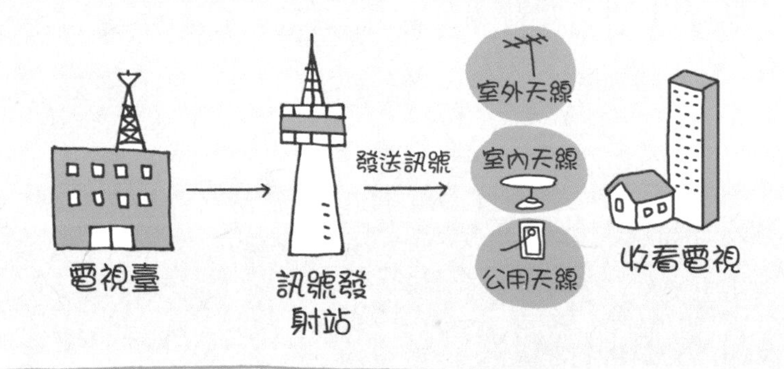

當我們聚在客廳聊天時，旁邊餐桌上的燈泡突然一閃一閃的，沒多久就完全熄滅了。媽媽試著重新打開開關，不過試了幾

次都沒有反應，於是她立刻戴上棉質手套，熟練的拆下壞掉的燈泡。

媽媽拿著壞掉的燈泡，仔細看了一會兒。「看來是鎢絲燒斷了。」

「鎢絲？那是什麼東西？」

媽媽把壞掉的燈泡拿給我，裡面有一些彎彎曲曲的細線，中間那根線本來應該是連起來的，但是現在就和媽媽說的一樣，似乎斷掉了。

「誰可以幫媽媽去倉庫拿新的燈泡來呢？」

我假裝沒聽到，轉頭問爸爸：「爸爸，壞掉的燈泡沒辦法修理嗎？」

爸爸搖搖頭。「一般人無法自己修理燈泡。」

「到底有誰可以去倉庫幫媽媽拿新的燈泡過來呢？」媽媽加大了音量，語氣也更重了。

「我剛從補習班回來，讀了那麼久的書，現在還覺得有點頭暈呢！」

為了躲避這件苦差事，姐姐假裝很不舒服的樣子，卻趁爸爸、媽媽不注意時，偷偷用腳踢了我。

唉！當了這麼多年的姐弟，我很清楚姐姐的意思就是叫我去拿。我只好心不甘情不願的走到倉庫，從角落的紙箱中拿出新燈泡，再走回餐桌旁並交給媽媽。

沒有燈泡照亮的餐桌顯得有點昏暗，看著媽媽裝燈泡的動作，我突然覺得很好奇。

「媽媽，在沒有燈泡的時代，人們晚上是怎麼看到東西的？」

「燈泡發明的時間其實沒有很久，大約到1879年為止，世界上還沒有燈泡這麼便利的東西呢！」

「那以前的人是用什麼來照明？」

「最早是用木材或動物身上的油脂來生火，後來改用蠟燭或煤油燈。煤油燈以煤油為燃料，煤油則是從石油提煉出來的，但是石油的價格很貴，而且煤油燈燃燒時會有不好聞的氣味，還會冒出黑煙，使用上很不方便。」

我想起之前家裡停電，爸爸拿蠟燭來照明時，光很小又不穩定，能照亮的範圍也有限，真的很不方便。真好奇沒有燈泡的幾百年前，人們是怎麼度過黑暗的夜晚呢？

雖然可能會有壞蛋趁機做壞事，但是我覺得沒有燈泡也會有一些好事，譬如學校和補習班在太陽下山時就必須關門，放學回家後也不用讀書或寫作業到很晚，這樣就可以每天睡覺睡到飽了……這麼一想，我開始羨慕以前的人了。

突然間，我從媽媽有如話匣子打開的長長說明中，聽到熟悉的名字。

「媽媽，你是說愛迪生嗎？」

「沒錯，他是非常偉大的科學家。」

「我聽過愛迪生的故事，他小時候曾經模仿母雞去孵蛋，結果失敗了。沒想到他長大後變成這麼厲害的人！」

以前聽到愛迪生這個故事時，我就想如果是我，才不會去孵蛋呢！因為我不是母雞啊！

「其實早在愛迪生之前，已經有很多人發明類似燈泡的裝置了，但是那些裝置都有問題而不方便使用。愛迪生則是將燈泡改良得更持久，並建立發電機和發電系統，讓電燈普及到每個家庭。『用電製造可以持續照明的裝置』這個想法，雖然在現代的我們看來是理所當然的事，但是當時很多人都認為不可能成功，也有很多科學家因為無法突破困境而放棄。」

想不到現在一個開關就能打開的電燈，當時難倒了這麼多科學家！

「但是愛迪生沒有放棄，他用了1600多種材料，進行了幾千次的實驗，不過非常可惜，全部都失敗了。即使如此，愛迪生仍然持續挑戰，終於，在某次實驗時，他的袖子不小心著火，但是愛迪生

失火了！
就是這個！

沒有急著滅火，而是對燃燒中的袖子興奮的大叫：『就是這個！』」

「那個是什麼？」

我和姐姐同時提出疑問。

「碳化的棉絲，也就是經過加熱分解的衣服棉線。用碳化棉絲製作的燈泡效果確實比以往好，但是愛迪生仍不滿意，之後又做了許多實驗，接著發現碳化的竹絲效果更好，也就是竹子。有了愛迪生的研究成果，往後又有其他科學家做了很多研究和實驗，最後將鎢這種金屬製成燈泡的燈絲，現在我們使用的鎢絲燈泡就誕生了。」

超能力小筆記

燈泡的鎢絲

外型有如彈簧的鎢絲，是燈泡很重要的零件之一。燈絲是電流通過時，發出光芒的金屬纖維，以前的科學家和化學家發現，用鎢這種金屬製作燈絲，能讓燈泡更亮，而且使用期限更長。1906 年，名為奇異的跨國企業發明一種方法，能讓鎢絲燈泡用比較便宜的價格製作出來，也讓鎢絲燈泡一直被人們使用至今。細細一小根的鎢絲，沒想到這麼重要！

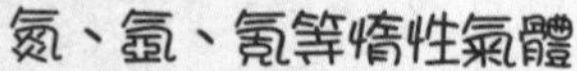

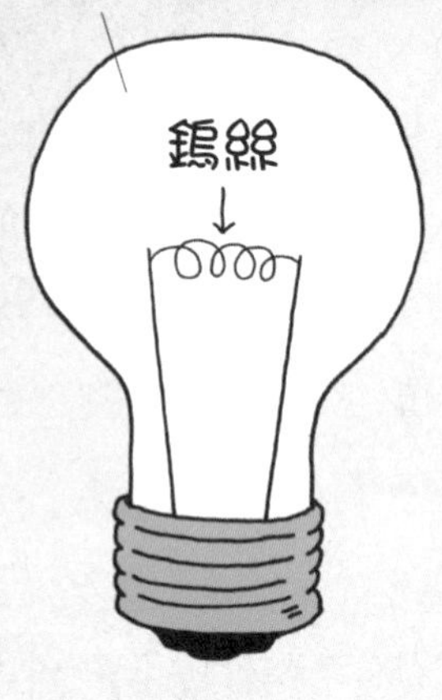

為什麼鎢絲要做得又細又彎呢？這是為了增加鎢絲的電阻。電阻是物體阻礙電流通過的能力，鎢絲的電阻越高，就有越多電流被轉換成光能和熱能，燈泡也就越亮。

可是這麼厲害的鎢絲，也有「容易被電阻造成的熱能燒斷」這個缺點。所以科學家努力找到解決的方法，那就是改變燈泡裡的氣體。如果燈泡裡填入的是普通的空氣，那麼當中的氧氣因為具有幫助燃燒的性質，使鎢絲連帶著會很快燒斷，所以科學家改在燈泡內填入氮、氬、氪等惰性氣體，它們很難進行氧化反應，鎢絲也因此減慢了燒斷的速度。

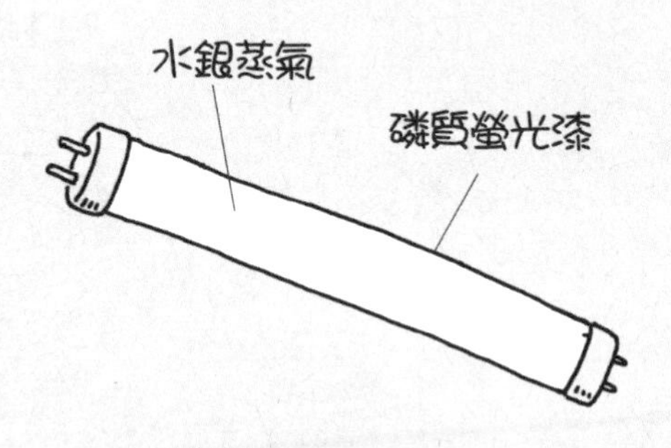

那麼學校教室常用的日光燈，也使用了鎢絲嗎？答案是錯。和燈泡不同，日光燈內主要填入的是水銀蒸氣，原理是電會激發它，進而產生可以照明的紫外線。不過紫外線是人類肉眼無法看到的光線，所以日光燈管的內側會塗上磷質螢光漆，它們會吸收紫外線，再發出人類肉眼能看到的可見光，因此日光燈又稱螢光燈喔！

我興奮的回到自己的房間，把電視和燈泡的祕密一一寫在筆記本上。像這樣利用各種機會學習更多知識，也許我真的能像爸爸、媽媽說的，成為一位優秀的科學家呢！

我躺在床上胡思亂想著，突然間，我想起那顆小隕石，於是立刻把它從口袋裡拿出來觀察。這顆外表平凡無奇的小隕石，會不會和電視、燈泡一樣，其實藏著許多不得了的祕密呢？

不過仔細一看，這顆小隕石不僅像路邊的石頭，還有點像我今天早上從鼻孔擤出來的鼻屎……

我把小隕石黏在透氣膠帶上，再用膠帶貼住鼻孔，這樣小隕石就能被固定在我的鼻孔裡。雖然有點不舒服，不過還在可以忍受的範圍內，心情很好的我決定今天晚上就這樣和小隕石一起睡覺。

到底要用什麼方法，才能證明這顆小石頭真的是隕石呢？

當我靠在牆上思考這個難題時，突然發生了不可思議的事——我的身體不斷發熱，手上的肌肉也不停抖動，彷彿被電到似的。

「這是電嗎？我身上怎麼會有電？電是怎麼產生的？」

5
space
trans

超能力小百科

電是從哪裡來的？

電是從開關來的？從電線來的？還是從插頭來的？以上答案都不完全正確喔！那電到底是從哪裡來的？讓我來解答這個問題吧！

其實世界上許多自然現象都會產生電，而不是無中生有般的出現。例如從天空打下來的閃電是一種電，電鰻發出的電流是一種電，冬天穿衣服時產生的靜電也是一種電。把塑膠墊板放在衣服上摩擦，就能把頭髮吸起來，這也是靜電造成的。原來我們的生活中處處都有電！

為什麼電無所不在呢？因為世界上所有物質都是由原子組成的，而原子本身就帶有電，所以電才會無所不在。電和原子的身上還有什麼祕密嗎？我越來越想了解它們了！

原子是由原子核和帶負電荷的電子組成，原子核裡還有帶正電荷的質子與不帶電荷的中子。在一般的情況下，電子和質子的數量一樣多，所以原子不帶電。位於原子核內的質子數量不會增加或減少，但是電子會因為外來作用而增減，原子獲得外來的電子就會帶負電荷，失去原有的電子則會帶正電荷，在這兩種情況下，原子就會帶電了。

正電荷和負電荷之間有流動和相吸的關係，前面提到的閃電，就是雲層下半部因為水珠和冰晶相互摩擦，累積許多負電荷往地上的正電荷移動所造成的現象。被摩擦的墊板能吸起頭髮，則是正電荷和負電荷相吸的結果。

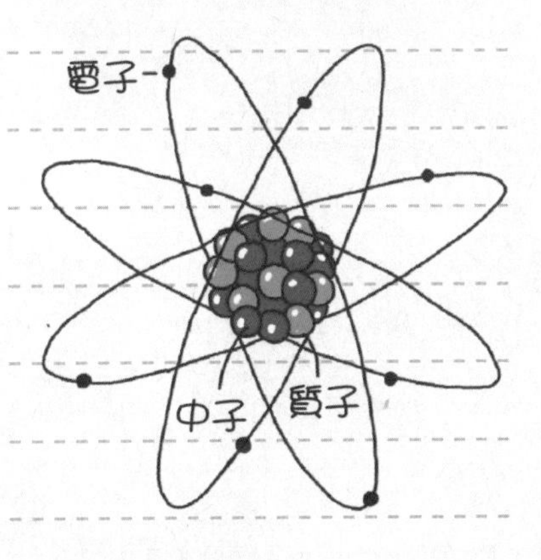

這麼難的科學知識都被我搞懂了，我果然很厲害！

超能力小百科

電是怎麼產生的？

了解電的原理後，更覺得電真是太偉大了！可是我們平常使用的電，難道是從原子中抽取出來的？就像用機器從芝麻中榨取芝麻油一樣，世界上有可以抽取出電的機器嗎？

嘿嘿！這個問題我也調查過了，原來我們使用的電是發電廠產生的。

發電廠會利用火力、水力、風力、地熱、核能、太陽能等各式各樣的力量來產生電。例如臺灣目前仍以火力為主要的發電方式，它是用燃燒煤、石油、天然氣等石化燃料所產生的熱能，加熱鍋爐內的水，使水變成高溫、高壓的蒸氣，再透過蒸氣轉動渦輪，讓發電機運轉來進行發電。

那發電廠產生的電是怎麼來到我們家裡的？發電廠產生的電會先經由電塔等輸電線路傳送至變電所，這是可以調整電力強弱的地方，因為發電廠傳來的電，電力非常強，必須先調整為適合的強度。調整過的電會經由電線桿和變電箱等配電線路，再次調整為適合一般家庭使用的強度，然後傳送到每個家庭。最後插上插頭，我們就可以使用電了。

原來電的產生和傳送要經過這麼多步驟！下次停電時，我不會再抱怨了，平常也會努力節約用電！

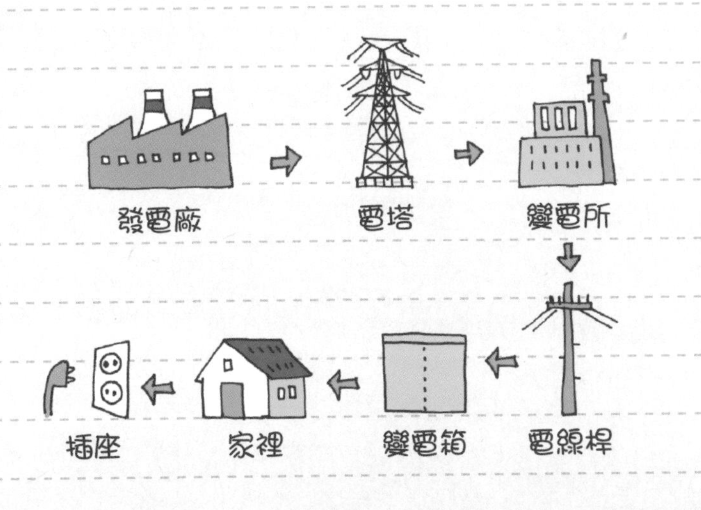

事件 3

電氣人誕生！

為了尋找今天要穿的褲子，我翻遍了整個衣櫃，無意間看到埋藏在櫃子深處，我曾經很喜歡的一件紅色連身衣。這件紅色連身衣對我來說很特別，因為它和我的出生有關。

「根據傳統習俗，紅色是可以消災解厄的顏色，穿紅色的衣服，福氣和幸運也會隨之而來。我第一次領薪水時，就決定用這筆值得紀念的錢，為你買一件紅色的連身衣。」

媽媽經常和我說起這件紅色連身衣的故事。她說，當時我還在媽媽的肚子裡，為了買紅色連身衣，她挺著大大的肚子，特地跑到人擠人的市場。當媽媽好不容易挑到滿意的紅色連身衣時，肚子裡的我突然開始亂踢，彷彿在說我也很喜歡，想立刻穿上那件紅色連身衣。

媽媽結完帳，就帶著剛買好的紅色連身衣趕到醫院，經過一陣兵荒馬亂後，我就誕生到這個世

界了。在護士把我抱離開之前，媽媽拿出紅色連身衣，放在我身旁，希望帶給我平安和溫暖。

小時候的我經常穿這件紅色連身衣，長大後雖然穿不下了，但紅色已經成為我最喜歡的顏色。現在我有許多紅色的衣物，那件紅色連身衣也被我好好的保管在衣櫃裡。

對了！媽媽前幾天和我講解了電的原理，真是越想越神奇！因為媽媽說，世界上幾乎所有物質都帶有電。那我的身上也有電吧？我可以使出電擊來打倒壞人嗎？

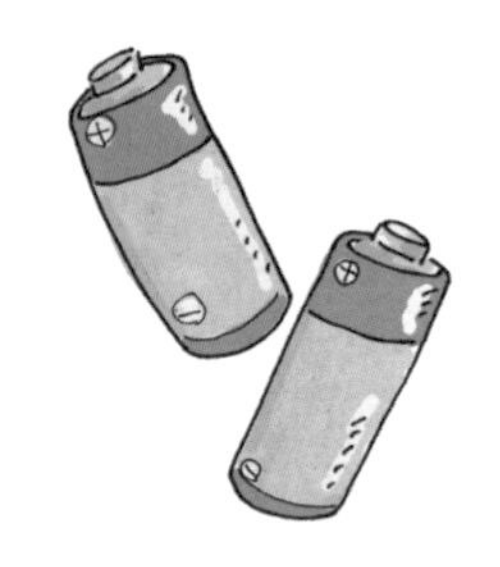

我無聊的把小隕石放進鼻孔，又從床頭櫃拿起兩顆沒電的電池，將它們輪流往上丟再接住。

爸爸說過，電池是用來儲存電的物品，需要時，它再把電放出來。如果我身上也有電，我能和電池一樣，儲存後再釋放電嗎？

躺在床上的我不斷想著電的事，疑問也像肥皂泡泡般不斷冒出來。忽然間，轟隆隆的雷聲打斷了我的思考。這麼說來，從早上開始，窗外的天空就不斷出現閃電，看來等一下應該會下大雨。

「哇！嚇死我了！」

門外傳來姐姐的尖叫聲，她應該是被剛才的雷聲嚇到了。我以前看的故事書中有寫到，做壞事的人會被天打雷劈，姐姐是不是做了什麼壞事，才會這麼害怕打雷？

「別緊張，閃電是很正常的自然現象。」

爸爸安慰姐姐的聲音隨後傳來，此時，我想起媽媽以前講解過的閃電原理。

媽媽說，閃電是大氣中的放電現象，由於雲內的水珠和冰晶移動，造成摩擦及碰撞，使雲中出現正電荷與負電荷。當帶有正電荷較輕的冰晶被氣流帶往雲的上層，此時雲的中下層便會積存較多負電荷，當帶負電荷的電子從雲的上層往下移動，接近地面時，形成類似導線的路徑，強大且帶正電荷的電流便從地面傳回雲層，也就是我們看到的閃電。

窗外的天空又出現一道閃電，緊接著是巨大的雷聲。此時，我突然覺得有一陣冷風吹來，就像在額頭上放了冰涼的毛巾。

當我被這股奇妙的感覺嚇到，思考著是怎麼回事時，我又覺得有一股神祕的力量在推我，體內還有什麼東西在快速流動，彷彿冬天脫下毛衣時，被靜電電到般，有點刺刺麻麻的感覺。

我還沒弄清楚到底發生什麼事，手上的電池卻突然變熱，接下來的情況更讓我嚇得大叫——電池冒出了火花！我害怕的立刻把它們丟到地上！

咕嚕咕嚕咕嚕……

好險電池在地上轉了幾圈後，沒有發生爆炸之類的可怕事情。於是我蹲下來，確定沒有異狀後，小心翼翼的用手拿起電池——

劈里啪啦！

電池又冒出紅色的火花，不過奇怪的是，我拿著電池的手只覺得溫溫的，沒有感到疼痛。

但是神奇的事還不只如此！

我放下電池後，不小心碰到檯燈的電線，檯燈就瞬間亮起來了！可是我明明沒有插上插頭，檯燈怎麼會自己亮起來？難道是我的身體在發電嗎？太不可思議了！

我嚇得睜大眼睛，呆呆的來回看著檯燈和自己的手。接著我嘗試一手拿著檯燈的電線，一手將檯燈移到其他地方，但檯燈也沒有因此熄滅。

「怎麼回事？」

我驚訝得頭腦一片空白，嘴巴也無法好好的說話，難以理解到底發生什麼事。

啪啪啪！

此時，客廳傳來三下拍手聲，這是媽媽要我們全家人都到客廳集合的訊號，應該是打掃時間要開始了。

一想到剛才發生的事，雖然心臟還是緊張得不停怦怦跳，但是我已經冷靜下來了。這件事先對大家保密比較好，如果媽媽知道，說不定會很擔心，把我送到醫院檢查呢！

糟了，不趕快集合，媽媽就要生氣了！於是我立刻跑出房間。

「有娜負責洗碗盤，多智負責掃地板，爸爸負責洗衣服，媽媽負責準備打掃結束後大家要吃的點心。開始！」

我們一家人像是訓練有素的軍人，根據媽媽的命令，分頭進行自己的工作。

轟隆！轟隆！

陽臺上的洗衣機發出比剛剛的雷聲更大的聲音，真不是普通的吵。

嗡嗡嗡嗡嗡！

廚房傳來果汁機運轉的聲音，彷彿要和洗衣機比誰更大聲似的。

加上我正在使用的吸塵器也不甘示弱的發出超大噪音，讓我們家頓時變成聲音的戰場。這些運轉聲超大的電器，都是爸爸的公司製造的，如果不是爸爸堅持很好用，媽媽早就把它們都丟了。

「你們看，這臺果汁機的威力足以把所有放進去的東西都瞬間打碎！還有這臺洗衣機，所有髒汙

都無法從它的手中逃脫，三兩下就能把衣服洗得乾乾淨淨！這些超棒的產品都是爸爸聰明的腦袋和厲害的雙手做出來的喔！」

爸爸一邊摸著圓圓的肚子，一邊得意的大笑。

「多智，爸爸我是個天才，對吧？因為這些電器都隱藏著我賦予它們的強大力量，再過不久，爸爸還會利用這些力量，製造出可以保護地球的祕密機器人。」

前幾天不是說已經製造出祕密機器人了嗎？怎麼現在變成還沒製造出來？我決定不要打槍爸爸，只是微笑著附和，沒想到媽媽反而跳出來指責爸爸。

「多智已經國小四年級了，你應該教他正確的科學知識，不要老是說機器人這種不切實際的東西。」媽媽邊說邊關掉吵死人的果汁機。

「媽媽，我們家裡有很多不同功能的電器，為什麼它們插上電就會運轉？」對電器相當感興趣的我，迫不及待的向媽媽提出疑問。

「雖然電器的外型和功能各有不同，但運轉的原理其實大同小異。」

聽到媽媽的回答後，我好奇的看著家裡各式各樣的電器，然後搖了搖頭，一臉疑惑。

「洗衣機會洗衣服、果汁機會打碎食物、吸塵器會把灰塵吸起來……這些電器的功能都不同，為什麼運轉的原理會相似呢？」

媽媽一邊準備點心，一邊耐心的回答我。

「因為它們都有馬達呀！」

「馬達？」

「大部分電器都有馬達裝置，它和人類的心臟一樣重要。當我們插上電、打開開關後，馬達就會開始運作，使電器發揮功能。像是這臺果汁機，就是馬達給刀片旋轉的力量，才能打碎各種食物。」

「那洗衣機呢？」

「洗衣機也是因為馬達才能轉動洗衣槽，將水、衣服和洗衣精混合在一起，並藉由洗衣槽轉動產生的摩擦力，來清除衣服上的汙垢。

把髒水排出去後，再注入乾淨的水，重複幾次前面的步驟，衣服就能洗乾淨了。最後利用馬達轉動洗衣槽，就能透過旋轉來甩乾衣服上的水，這就是現在多數洗衣機都有的脫水功能。」

「我們家的電器在使用時，經常發出噪音，那就是馬達運作的聲音嗎？」

媽媽的表情突然變得很奇怪，她用力瞪了躺在沙發上的爸爸一眼，然後慢慢的說：「沒錯。」

雖然答對了，但是我一點都不開心，因為我們家的馬達聲音也太大了！其他人家裡的電器馬達也這麼大聲嗎？還是只有我們家比較奇怪呢？

產生力量的馬達

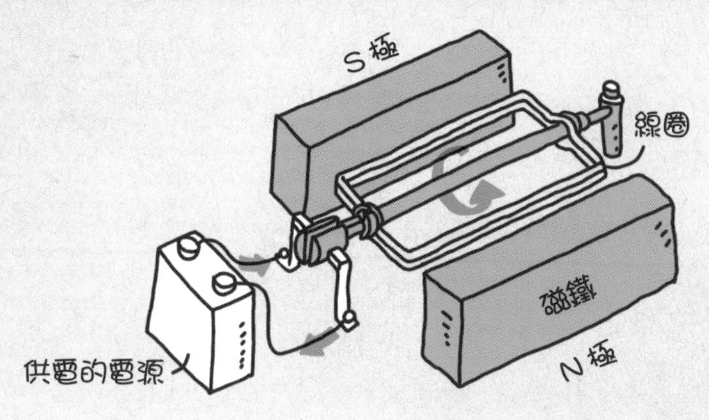

〈直流馬達的構造〉

不管是冰箱、冷氣、吹風機或電動玩具車，多數用電驅動的物品，都有個沒有它就無法使用的重要零件，那就是馬達。就像人類的心臟會不斷發出怦怦的跳動聲，電器的心臟——馬達，也會發出嗡嗡的運作聲。不過媽媽偷偷和我說，由於科技日漸進步，現在大部分的馬達都不會發出太大的聲音，我們家的電器比較特殊，因為是爸爸的公司製造的……

人類靠吃飯產生能量，電器則是吃電來產生能量，也就是靠馬達連接電源來產生動能，再透過動能讓各種機器運轉。

馬達內到底有什麼東西，能讓它產生如此強大的能量？答案是線圈和電磁鐵。電流進入線圈後，會產生磁場，使兩旁的電磁鐵因為不斷改變磁極的磁力而連續轉動，就能讓馬達運作。電器的體積有大有小，它們的馬達也有大有小嗎？如果去爸爸的公司參觀，就能解開這個祕密了吧！

「人類的身體會放電嗎？」

媽媽聽到後愣住了，似乎是沒想到我會提出這個問題。

「媽媽你之前說過，世界上大部分的物質都是由原子所組成，原子裡有帶正電荷的質子和帶負電荷的電子。人類的身體也是世界的一部分，所以是由原子組成，那麼應該也帶電吧？我們能把這些電放出來嗎？」

「只有你這隻井底之蛙的腳才會放電！別再問奇怪的問題了！」

姐姐的手忙著洗碗盤，嘴巴也忙著取笑我。

「你不要胡說八道，我是很認真的想知道答案。」

聽到我激動的聲音後，把洗衣服的任務交給洗衣機，在客廳悠哉看電視的爸爸突然轉過頭來。

「姐姐不完全是胡說八道喔！以前的人也認為電是從青蛙的腳來的。」

我不敢相信的張大嘴巴。「真的假的！是多久以前呀？」

「距離現在其實不算太久，大約是1780年發生的事。」

如果我能穿越時空，帶著現代的科技產品回到那個年代，我一定會被大家崇拜，被認為是超厲害的天才吧！我越想越覺得可惜。

「我實在想不通，當時的人怎麼會認為青蛙的腳會放電呢？」

聽到我的問題後，爸爸笑了出來，接著耐心的解釋給我聽。

「義大利的醫生伽伐尼在進行實驗時，發現死掉的青蛙被帶電的金屬解剖刀碰到後，腳像活著一樣踢了一下。」

爸爸躺在沙發上踢了一腳，似乎是在模仿那隻青蛙。

姐姐的臉皺成一團。「好可怕！」

「由於這件事，當時的人就相信青蛙的腳會放電。雖然現在聽起來很荒唐，但是多虧這個學說，讓之後的人更了解並學會使用電。」

「難道他們用青蛙的腳來打造發電廠嗎？」

「哈哈！多智，你的想法非常有趣，但是很可惜，青蛙並沒有對電的發展帶來直接的影響。」

「什麼意思？」

「伽伐尼有位叫做伏打的朋友，他不認同青蛙的腳會放電這件事，所以決定用自己的身體做實驗。」

「用自己的身體做實驗？太冒險了！」

「伏打把金幣和銀幣分別放在自己的舌頭上下，用導線連接兩枚錢幣後，他覺得舌頭酸酸的。如果把錢幣換成其他金屬，或放在不同的位置，他的舌頭都有不一樣的感覺。經過反覆的實驗後，伏打認為青蛙的腳確實不會放電，電是金屬透過青蛙、舌頭等導體接觸後而產生，這個推論也讓他後來發明了一個非常重要的東西。」

「什麼東西？」我和姐姐異口同聲的問。

「那就是電池。為了證明自己的推論，伏打將銅製的圓盤和鋅製的圓盤連接到自己設計的驗電器上，再將沾滿鹽水的布夾在圓盤間，結果正如他所料，產生了很強的電流。藉由這個實驗，伏打在1800年發明了世界第一顆電池，我們現在使用的電池就是從伏打發明的電池發展而來。」

「為了紀念伏打（Volta），人們就把電壓的單位稱為『伏特（volt）』，符號是V。例如遙控器常用的四號電池是1.5V、煙霧警報器則使用9V的九伏特電池。」媽媽從廚房走出來，替爸爸補充說明。

我打從心裡覺得伏打是一位非常偉大的科學家，不只因為他發明了電池，更因為他竟然敢用自己的舌頭做實驗，勇於冒險的精神令人敬佩，但是一般人絕對不能輕易嘗試和模仿喔！

「那電池裡有什麼東西？它為什麼能儲存和釋放電？對了，所以人類的身體能放電嗎？」

電池的構造

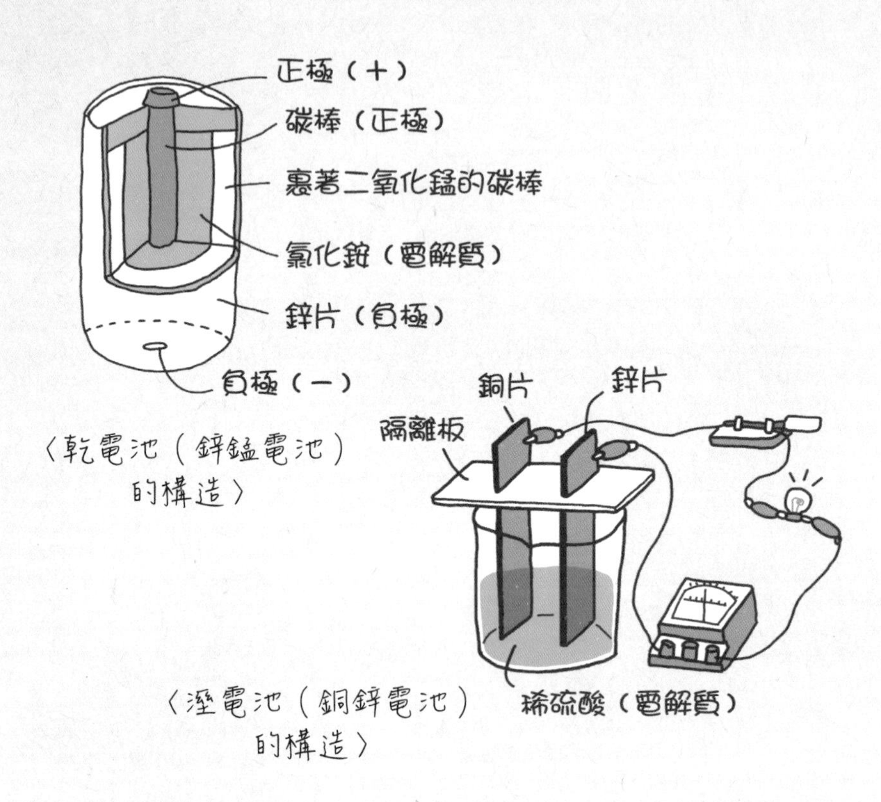

我們常說的電池大多是「乾電池」，另外還有「溼電池」，差異在於乾電池的電解質是凝膠狀或粉狀，溼電池則是液態。

一般人常用的乾電池，主要構造包括正極、負極、碳棒、電解質等。電解質的離子與構成負極的材料結合，產生電化學反應，使電子從負極的鋅原子中被釋放出來。當電池連接到電力裝置時，便會形成一個外電路，當帶負電荷的電子流通過這個路徑，從負極移動到正極，再回到電池內部，以完成電路，此時帶正電荷的電流便從正極移動到負極，如此一來電力裝置就通電了。

媽媽講解完電池的構造後，就回到廚房繼續做點心。站在原地的我則有點失望，看來人類的身體果真無法儲存和釋放電，因為我們和電池不一樣，沒有電解質等結構。

我收起失望的心情，拿起吸塵器繼續打掃。

嗡嗡嗡嗡嗡！

雖然馬達的噪音超大聲，不過這臺吸塵器的清潔效果還不錯。我拿著它走向家中各個角落，要把灰塵吸光光。

當我走向門口時，我的肩膀突然被拍了一下，回頭一看，姐姐正對著我做鬼臉，然後若無其事的繼續洗碗。為了盡快完成媽媽交代的工作，我決定不理會姐姐的惡作劇，繼續拿著吸塵器打掃。

但是沒一會兒，姐姐忽然發出刺耳的尖叫聲，甚至蓋過吸塵器的馬達聲。

「我很忙啦！你別再惡作劇了！」

如果我用吸塵器對姐姐惡作劇，她一定會嚇得大叫吧！光是想像那個畫面，我就忍不住笑了出來。不過這樣做肯定會被媽媽罵，所以我一邊使用吸塵器，一邊讓這個想法消失。

「金多智，你那是怎麼回事？」

「什麼？」

「你看吸塵器！」

「怎麼了？」

難道姐姐發現我想用吸塵器捉弄她了？我裝出困惑的樣子，低頭看向運作中的吸塵器。

「我明明拔掉插頭了！」

姐姐驚訝的大喊，而且她的手上正拿著吸塵器的插頭。

「插頭都拔掉了，為什麼吸塵器還在動？到底是怎麼回事？」

我一臉茫然的搖搖頭，同時按下電源鍵，試圖關掉吸塵器。

嗡嗡嗡嗡嗡！

為什麼？即使按下電源鍵，吸塵器還是沒有停止運轉！

「爸爸、媽媽，你們快來客廳，多智又闖禍了！」

姐姐突然放聲大叫，害我也跟著緊張起來，下意識的跑到她面前，用手摀住姐姐的嘴巴。

劈里啪啦！

我看到電在姐姐的臉上流動！

「哇啊啊啊啊！」

姐姐也看到了電在自己的眼前流動，又嚇得大聲尖叫，同時身體不斷後退，接著，她的頭髮冒出了一陣白煙！

「爸爸、媽媽……」

「噓！安靜一點！不然我們都會被罵！」

為了避免姐姐又大叫，我趕緊跑到她面前，再次摀住她的嘴巴。幸好這次姐姐的臉上沒有再出現電流，頭髮上的白煙也沒了。

姐姐似乎被嚇到不知所措，呆呆的站在原地不動。看到她這副模樣，我不禁在心裡偷笑——姐姐可以省下燙頭髮的錢了。

以上就是今天發生在我身上的神奇事件。

不管是電池冒出火花、檯燈和吸塵器失去控制，或是姐姐被電到變成爆炸頭，都可以看出是因為我會放電才造成的。可惜的是，我無法解開我為什麼會放電這個謎題，這到底是怎麼回事？

難道我突然擁有超能力了？我可以像超人和蜘蛛人那樣，拯救世界和幫助人類，成為大家崇拜的對象嗎？

對了！超人和蜘蛛人有一個共同點，就是衣服上都有紅色！真巧，紅色也是我最喜歡的顏色，難道就是因為這樣，注定了我要成為英雄的命運？

我從衣櫃找出紅色的上衣和褲子，穿上後滿意的看著鏡子裡的自己。沒錯，紅色是能消災解厄的顏色，還能帶來福氣和幸運，我也要把紅色的衣服當作變身為英雄時的戰鬥服！

全新的超級英雄金多智即將現身！敬請期待！

超能力小百科

電為什麼會流動？

水往低處流是因為地球對地球上的物體有吸引力，也就是重力，那為什麼電也會流動呢？

之前媽媽教我原子的結構時，有提到正電荷和負電荷。這次媽媽進一步告訴我，與磁鐵的 N 極和 S 極會同極相斥、異極相吸一樣，電荷如果相同會相互推擠，不同的電荷則會互相吸引。相同電荷相互推擠所產生的力量稱為斥力，相互吸引所產生的力量則稱為引力，電就是藉由電荷間的相互推擠或吸引，才會產生流動的現象。

除此之外，還記得前面說明過的乾電池構造，上面有正極和負極嗎？使用乾電池時，電荷也會流動。電流是正電荷的流動方向，從電池的正極流向負極；電子流則是負電荷的流動方向，和電流相反，從電池的負極流向正極。

我很用心的畫了一張圖來記錄電流和電子流的不同，這樣能幫助學習，讓我越來越了解科學了。

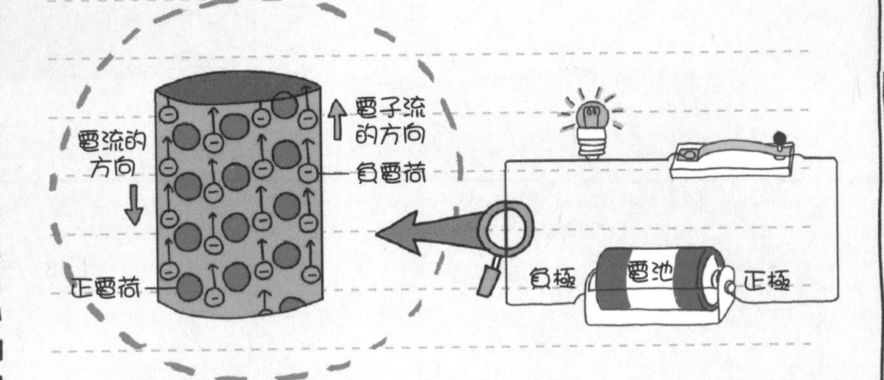

〈電流的方向和電子流的方向〉

PS：其實電流不是一個實體的物質，它的產生是因為帶有負電荷的電子移走後，在它移動的反方向便會造成因為缺少負電荷，而形成相對於正電荷的電流了。

超能力小百科

磁鐵為什麼能吸住東西？

學校教室裡有很多磁鐵，為什麼它們能吸住東西呢？我拿著磁鐵和被吸住的鐵片去詢問老師，接下來的內容就是老師說的，關於磁鐵的祕密。

磁鐵周圍具有磁力的區域，稱為磁場。當磁性物質進入磁鐵的磁場，會被磁化而感受到磁力，例如鐵片是磁性物質，進入磁場後，就被磁力暫時磁化而被磁鐵吸住。塑膠不是磁性物質，即使離磁鐵再近，也不會被吸住。如果在已經被磁鐵磁化的鐵片上，再拿一塊鐵片靠近，它們會互相吸引，但是拿開磁鐵後，原先被磁化的鐵片失去了磁力的磁化作用，兩塊鐵片就不會再相吸。

老師接著從辦公桌的抽屜拿出指南針。

「你知道指南針為什麼總是指向南方和北方嗎？」

看到我一臉茫然的樣子，老師立刻為我解答。

「因為它被世界上最大的磁鐵——地球所吸引。」

「地球是一塊磁鐵？」

「沒錯，地球這塊磁鐵的N極叫做『地磁北極』，S極是『地磁南極』，磁場則稱為『地磁場』。指南針本身就是一塊磁鐵，所以它會根據『同極相斥、異極相吸』的特性，無論怎麼轉，指南針的N極都會被地磁南極吸引，S極則被地磁北極吸引。」

「真是太酷了！」

「老師再告訴你一件更酷的事。『地磁南北極』和『地理南北極』的位置是相反的，所以指南針N極指向的地磁南極，其實是有北極熊生活的北極；指南針S極指向的地磁北極，則是有企鵝生活的南極。而且地磁南北極的位置會因為地磁場而不斷改變喔！」

原來地球本身就是一塊大磁鐵，我們就生活在這塊巨大的磁鐵上，真是太不可思議了！如果把這塊大磁鐵賣給文具店的老闆，能賺到多少錢呢？嘻嘻！

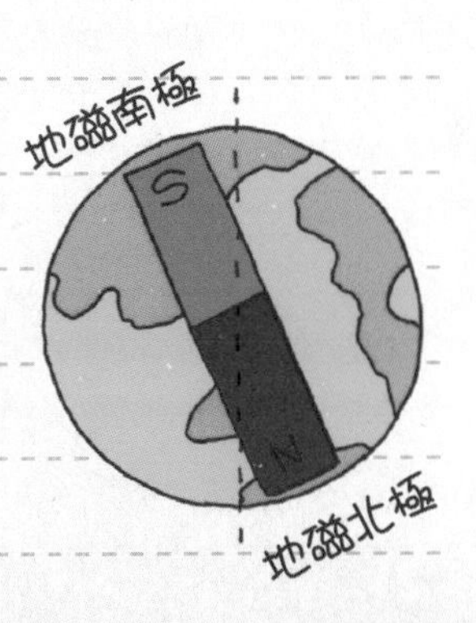

事件 4

超級英雄都會隱藏自己的能力，過著平凡的生活，以前看電影時，我不明白為什麼他們都這麼低調，現在我知道原因了——因為超級英雄很難交到朋友吧！

蜘蛛人的朋友可能會被蜘蛛網纏住而跌倒，蝙蝠俠的朋友可能會被巨大的蝙蝠翅膀打傷。如果我

成為會放出電的「電氣人」英雄，大家應該也不敢接近我，擔心自己會像姐姐一樣被我電焦。

雖然要把這件事當成祕密有點可惜，不過即使說出來，也沒有人會相信我。因為自從造成騷動後，無論再去碰姐姐的嘴巴，或是拿起電器的插頭，我都放不出電了，看來是幫姐姐燙頭髮時，把電用光了。

雖然當時姐姐嚇得大聲尖叫，向爸爸、媽媽告狀說我用手電她，但是這麼不可思議的事，爸爸、媽媽怎麼可能相信！再加上我用高超的演技，擺出一臉無辜的表情，再否認裝傻到底，爸爸、媽媽就認為姐姐是在開玩笑。

不過看到姐姐的樣子，我其實覺得很抱歉，除了頭髮，她的眉毛和睫毛也有點燒焦。所以我決定趁姐姐睡覺時，偷偷用奇異筆幫她把眉毛畫得又粗又黑，這樣她一定會很高興吧！

「這是怎麼回事？」

隔天一早，姐姐的尖叫聲響徹雲霄，屋頂都快被掀了。真奇怪，我這麼貼心的幫她畫眉毛，難道她不滿意嗎？可能是因為我沒什麼繪畫天分吧！

為了躲避姐姐來找我算帳，我立刻拿起書包，展開名為「上學」的逃亡大作戰。

哇啊啊啊啊！
我的眉毛
怎麼會
變成這樣？
你做了什麼事？
金多智……
看來姐姐不太滿意。

上課時，我一直在想超能力的事。突然間，我想起之前撿到的小隕石，所有神奇的事都是在把它放入鼻孔後才發生的。

沒錯，應該是小隕石造成的！

此時小隕石依然靜靜待在我的鼻孔裡，雖然它又小又不起眼，卻能讓我擁有超能力！不過，為什麼是電的超能力？難道是因為爸爸、媽媽剛好教我關於電的知識嗎？

如果我的科學知識越來越豐富，我就能擁有越來越多超能力嗎？學會關於力量的知識，我就可以變得力大無窮！學會關於水的知識，我就能自由自在的控制水！

光是想像就覺得太酷了！

正當我沉浸在自己的想像時，我的肩膀被拍了一下，關於超能力的想像被打斷。我不太開心的轉頭去看是誰做的好事，卻看到熙珠一臉無奈的用手指了指講臺——老師正火冒三丈的瞪著我。

「金多智，你連上課都沒在聽，要怎麼拯救世界和幫助人類？」

全班同學都放聲大笑，我也害羞的脹紅了臉，於是趕緊拿起課本，專心聽課。

雖然上課不專心是我的錯，但這是我為了成為超級英雄所做的準備，再過不久，所有人都會因為超能力而崇拜我。

既然知道只要學到新的科學知識，我就能擁有相關的超能力，那是不是代表我可以自由選擇想要的超能力呢？哇啊！這也太酷了吧！

力量、水、風……我想擁有的超能力有好多，當中我最感興趣的是隱形。為了變成隱形人，我需要學習哪些科學知識呢？

以往我有疑問時，問爸爸、媽媽和老師是最快的方法，可是如果他們問我，為什麼要學關於隱形的科學知識，我該怎麼回答呢？算了，還是回家後，自己用電腦找答案吧！

我放學回到家時，媽媽已經在家裡忙東忙西了。我立刻坐到客廳的電腦桌前，打開電腦，想尋找成為隱形人的方法。不過電腦只是發出嗡嗡的聲音，一直停留在開機的畫面。

「電視一打開就能看了，為什麼電腦要這麼久？」急著找資料的我，忍不住大聲的抱怨。

聽到我的抱怨聲，剛好經過客廳的媽媽耐心為我解釋。

「因為電腦要先啟動作業系統，做好該做的準備後，再被我們使用，此時電腦就會發出嗡嗡的運作聲。不過我們家的電腦確實很舊了，啟動作業系統的速度才會這麼慢。」

過了一會兒，電腦終於有動靜了！但是螢幕上的畫面一片藍色，還有很多我看不懂的英文和數字，接著就沒有任何反應了。

我擔心的跑到廚房，對媽媽說：「媽媽，電腦好像怪怪的。」

媽媽和我一起走到電腦桌前，看到螢幕上的畫面也嚇了一跳。「的確很奇怪，看來電腦是因為病毒而中毒了。」

我一頭霧水，轉頭問媽媽：「電腦和人一樣，會因為病毒而生病嗎？這種病會不會傳染給人類？」我默默往後退，拉開自己和電腦的距離，害怕一個不小心，電腦就把病毒傳染給我。

「電腦病毒是一種應用程式，只會對電腦造成影響，不會傳染給人類。」

「那電腦為什麼會中毒？」

「有些壞心的人會故意設計不好的應用程式，

也就是電腦病毒，讓別人經由上網、下載檔案等方式，造成電腦感染這些病毒。和導致人類生病的生物病毒一樣，電腦病毒也會複製自己再傳播出去，中毒的電腦通常會出現故障、資料流失、無法開機或使用等問題。」

「如果是人類生病，只要吃藥、打針、動手術就可以，但是電腦中毒怎麼辦？可以治療嗎？」

媽媽按了幾下鍵盤，似乎想嘗試修理，但是沒多久就對我搖搖頭。

「電腦中毒也有專門治療的藥，那就是掃毒程式，把它安裝在電腦中，它會找出並刪除病毒，藉此讓電腦恢復正常。但是這臺電腦的中毒狀況似乎很嚴重，等爸爸回家後，再請他看看吧！」

無法用電腦尋找變成隱形人的方法，那該怎麼辦呢？我呆呆的透過窗戶，看著媽媽在陽臺洗衣服的身影。對了，玻璃是透明的，應該隱藏著讓我變成隱形人的關鍵！吃完晚餐後，我就要問爸爸、媽媽關於玻璃的科學原理。

等了好久，終於讓我等來晚餐時間，雖然媽媽的料理一如往常的美味，可是今天我們全家人都沒怎麼吃，姐姐是氣得吃不下飯，其他人則是忙著憋笑——看著姐姐亂七八糟的爆炸頭和又粗又黑的眉毛，實在太想笑了！

「金多智，這是你做的好事吧？偏偏還用奇異筆畫！」

為了擦掉我用奇異筆畫的眉毛，姐姐應該有用毛巾不斷擦拭，結果整個額頭都被染黑了，而且又紅又腫，讓我再也忍不住了！

「哈哈哈哈哈！」

爸爸一邊憋笑，一邊對我說：「多智，不能這樣笑姐姐……噗！」

太好笑了！
這是你做的
好事吧？
噗！
噗！
砰！
笑死我了！

原本想假裝若無其事的爸爸，終於忍不住笑了出來。原本忍得很好的媽媽，在爸爸「破功」後，也忍不住笑出聲音。眼看大家都在取笑她，姐姐氣得臉更黑了，連飯也不吃，轉身回到房間。

我真的是好心想幫姐姐畫眉毛，大人都會這樣做啊！只是原來不可以用奇異筆畫呀！那要用什麼呢？可以塗改的鉛筆或原子筆就比較好嗎？畫錯了是用橡皮擦或立可白修改嗎？

這件事改天再問媽媽，現在要先解決我的隱形人任務。

「媽媽，玻璃是用什麼做的？」

媽媽很喜歡我提出關於科學的問題，總是很開心的回答我。

「玻璃是用很多材料做成的，基本的材料包括碳酸鈉、碳酸鉀、氧化鈣等，如果想改變性質或顏色，還可以加入其他材料，例如加入鉛能讓玻璃更閃爍耀眼、加入銅能讓玻璃變成像是紅寶石般的深紅色。但是說到玻璃不可或缺的材料，應該是二氧化矽，它是一種化學物質，也是砂子的主要成分。」

「那玻璃是怎麼做成的？」

「首先將二氧化矽等玻璃的材料，放入極度高溫的熔爐裡熔化，形成液態的玻璃。接著用特製的工具，將液態的玻璃轉移到塑型的模具裡，冷卻後根據需求，進行切割等加工步驟，就能變成各式各樣的玻璃。」

媽媽的話讓我想起學校上綜合活動課時，老師帶我們做的巧克力，它的製作過程似乎和玻璃有點像。我們當時是先將固態的材料以隔水加熱的方式熔化，變成液態後，再倒入各式各樣的容器裡，冷卻後進行裝飾，就變成好吃的巧克力了。

「也就是說，玻璃是先將固態變成液態，再變成固態，對吧？」

我覺得自己說得很對，但是媽媽的回答卻和我想得不一樣。

「不完全正確，雖然玻璃是固態，但是它的性質比較接近液態。」

「咦？」我疑惑的看著媽媽。

「因為玻璃塑型時，必須快速冷卻，導致裡面的分子來不及按照順序排列，還維持在比較接近液態的狀況，而不像固態的分子般有一定的排列順序，所以我才說玻璃的性質比較接近液態。」

外型是固態，性質卻比較接近液態？玻璃真是神奇的東西！看來我要多花點時間研究，再把它的祕密寫在我的筆記本上。

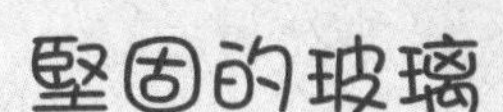

玻璃看起來和摸起來是固態，但是把它的分子構造和固態的二氧化矽、液態的水放在一起比較時，就能明白為什麼說玻璃的性質比較接近液態了。

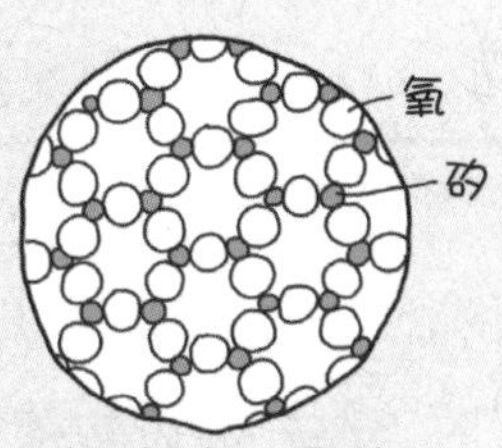

二氧化矽（固態）
（各分子間的原子都有固定形態的連結）

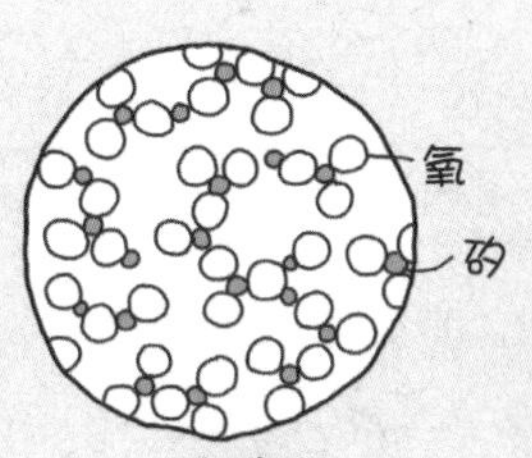

玻璃
（各分子間的原子只有部分連結）

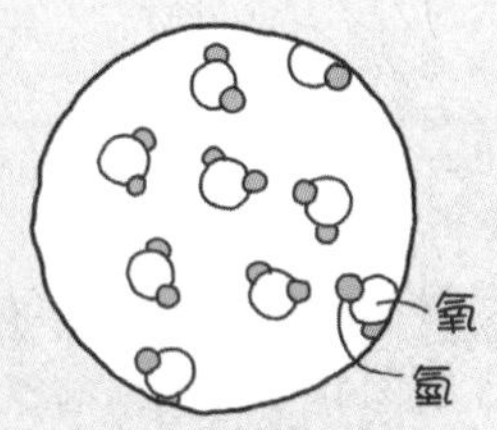

水（液態）
（各分子間的原子沒有固定形態的連結）

我記得玻璃都很容易碎裂，必須小心輕放，可是新聞經常提到的強化玻璃和防彈玻璃似乎都很堅固，這是什麼原因呢？

原來玻璃根據成型方式與用途，可以再分成很多類型，強化玻璃和防彈玻璃只是其中的兩種，它們都是經由特殊的加工方式製成，所以的確比其他玻璃堅固，可以抵擋一定程度的力量。

說到堅固，颱風來臨時，很多商店和家庭都會在窗戶上貼膠帶，我以為這樣能讓玻璃比較不容易破，但是媽媽說，貼膠帶的目的是為了減少玻璃被風吹破時的碎裂狀況，避免碎片亂飛而傷到人。原來貼膠帶沒辦法讓玻璃比較不容易破啊！也是啦！如果玻璃這麼容易變堅固，那強化玻璃和防彈玻璃就賣不出去了。

「多智，你知道為什麼玻璃和其他東西會是透明的嗎？」

我嚇了一跳，媽媽怎麼知道我其實是想了解透明的原理？難道她也是超能力者，能知道我在想什麼？不對，如果是這樣，那我藏在抽屜裡的50分自然考卷早就被她找到了！

我冷靜下來，對媽媽搖搖頭，等待她接下來的說明。

「光只會沿著直線傳播，如果光的前進被某個物體擋住，光會被反彈而射往另一個方向，這個現象稱為反射。我們能看到東西，就是因為有光照射那個物體，光又反射到我們的眼睛裡。如果某個物體不會擋住光的前進，順利讓光穿過去，那個物體就是透明的。」

「玻璃和鏡子感覺很相似，又好像不太一樣，是因為鏡子能反射光嗎？」

「沒錯。鏡子的表面通常比其他物質更平坦、光滑，能讓光的反射效果更好，另一面則塗上很薄的銀膜或鋁膜，使光無法穿過去，這樣我們才能透過鏡子來看到自己。」

「眼鏡、放大鏡、顯微鏡、望遠鏡等器材上的東西也是玻璃嗎？為什麼透過它們，我們可以看到

原本看不到或看不清楚的東西？」

媽媽用手托著下巴，似乎是在思考如何說明才能讓我了解。

「那些器材使用的玻璃，應該稱為透鏡比較正確。透鏡和玻璃、鏡子的原理又不太一樣，它是運用光的折射。」

「那是什麼？」

「媽媽剛才有說過，光是沿著直線傳播，碰到不能穿過的物體時會被反射，但即使同樣是能讓光穿過的物體，因為它們的性質不同，光穿過的速度也會不同，造成光前進的方向改變，這種現象稱為折射。你剛才提到的那些器材，它們使用的透鏡都是運用光的折射製造而成。」

媽媽拿出一張紙，畫了兩張圖。

「以人的眼睛為例，近視是因為眼球內的水晶體太厚，曲率過大，使光提前聚焦。遠視則是水晶體太薄，曲率不足，使光延後聚焦。這兩種狀況都會使影像無法正確的聚焦在視網膜上，所以需要配戴眼鏡來輔助水晶體的功能。」

我仔細盯著那兩張圖。「所以眼鏡的鏡片會透過折射，發散或聚集光嗎？」

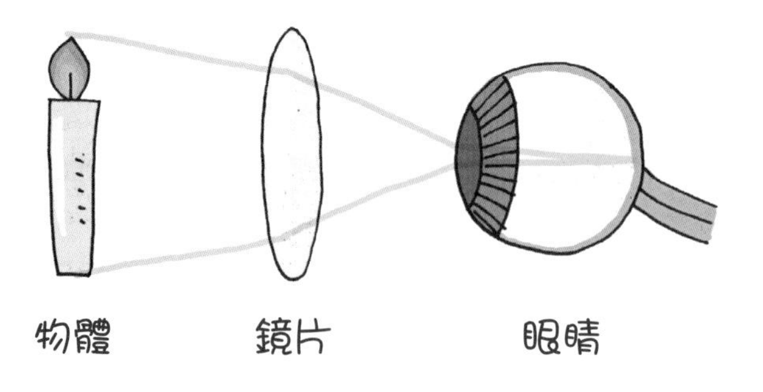

「沒錯，光穿過眼鏡的鏡片後，前進的方向會改變，因此被發散開來或聚集起來，所以戴上眼鏡就能輔助水晶體的功能。根據水晶體太厚或太薄兩種情形，眼鏡的鏡片也可以分為凹透鏡和凸透鏡兩種。凹透鏡的邊緣比中間厚，能發散光，因此近視的人要配戴用凹透鏡製成的眼鏡。凸透鏡是中間比邊緣厚，能聚集光，所以遠視的人要配戴用凸透鏡製成的眼鏡。」

一口氣教我這麼多科學知識，媽媽像是累壞了，癱坐在沙發上。

雖然還有一些疑問，不過我已經了解許多關於透明的知識了，接下來我還有一項非常重要的任務，那就是變身成隱形人！

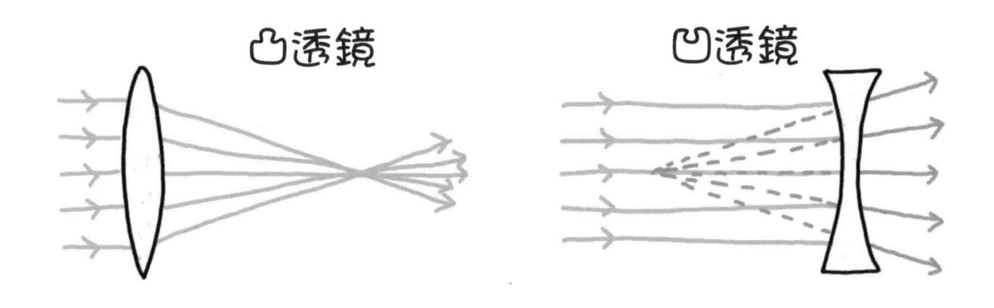

星期日一大早，大家還在睡覺時，我已經迫不及待的起床了。我關上房門，站在大大的穿衣鏡前，拿出鼻孔裡的小隕石並放在手上，接著溫柔的撫摸它。

「小隕石，我已經學會玻璃的製程和透明的原理了，拜託你，讓所有的光都穿過我的身體，讓我變成隱形人吧！」

此時，和擁有電的超能力時一樣，冷風突然朝我吹來，不知名的力量在推我，有什麼東西在我體內流動，刺刺麻麻的感覺也跟著出現。

接著，我發現鏡子裡的自己像是被人用橡皮擦慢慢擦拭，一開始是頭部，緊接著其他身體部位也慢慢消失，最後我整個人都不見了！鏡子裡只剩下我穿在身上的衣服和褲子！

我不敢置信的拿起書桌上的另一面小鏡子，想確認自己是不是真的隱形了，結果——我真的看不到自己！

「哈哈哈哈哈！」

我高興的放聲大笑，如果有人在此時進來我的房間，一定會被飄浮在空中的上衣和褲子嚇壞！

我脫掉所有衣服，先穿上長度到小腿的長袖外套，接著是剛好能和外套接在一起的長襪，再一一戴上帽子、口罩、圍巾和手套。

我決定待會兒在全家人面前，把衣服一件一件脫掉，讓他們慢慢適應並接受我變成隱形人這件事。假設一開始就以隱形人的樣子出現，他們一定會被嚇到昏倒，尤其是非常怕鬼的姐姐，如果她看到衣服在空中飄浮，說不定會以為是幽靈而大聲尖叫。

我走到客廳時，爸爸、媽媽和姐姐正邊吃水果邊看電視，偶爾還因為節目效果而笑得東倒西歪。

我站在電視前，準備讓大家見識我的厲害！

「走開！不然我要生氣囉！」

因為看不到電視，姐姐大聲的罵我。

「待會兒即將發生會讓你們非常驚訝的事，趕快做好心理準備，被嚇到我可不管喔！」我故作神祕，用低沉的嗓音說話。

在爸爸、媽媽和姐姐六顆眼珠子的注視下，我慢慢脫掉帽子、拿下口罩、解開圍巾和手套，連長襪

也脫了下來，接下來就是關鍵的時刻——我慢慢掀開穿在身上的外套。

「哈哈哈哈哈！」

我開心的大笑，等著看大家被嚇到說不出話的樣子。

大家的確被嚇到說不出話來，但是和我想像的理由不一樣。沒有人昏倒，也沒有人尖叫，他們只是以好奇的眼神看著我。

怎麼會這樣？難道是我脫的速度太快，大家沒看清楚發生了什麼事嗎？我隨手拿起衛生紙並放在頭上，看到飄浮在空中的衛生紙，他們就能明白發生了什麼事吧！

結果還是一樣。

「為什麼大家都沒有反應？」

我決定從最怕鬼的姐姐開始搞清楚是怎麼回事，於是我走到她面前，想摸一摸我幫她畫的眉毛，結果還沒摸到，姐姐就生氣的瞪了我一眼。

「金多智，我還沒找你算帳，你又想對我惡作劇了嗎？」

「你看得到我？」

姐姐拿起椅墊丟向我。

「我不但看得到，還看得一清二楚！變態！」

變態！

我明明變成隱形人了，全身都是透明的，姐姐為什麼看得到我？難道她擁有可以看到隱形人的超能力？

那爸爸、媽媽呢？他們應該看不到我吧！

我看向一旁的爸爸、媽媽，只見他們繼續吃著水果，視線卻三不五時移到我身上，然後又迅速移開。

爸爸、媽媽也看得到我！為什麼？

驚慌的我趕緊放下衛生紙，拿起剛才脫掉的衣物，滿臉通紅的跑回房間。

「不會吧！」

回到房間後，我驚魂未定的看著鏡子裡的自己，竟然全身上下都看得很清楚！看來和電的超能力一樣，隱形的超能力早就消失了，我剛剛只是在全家人面前脫得光溜溜的，然後展示身材而已！

好丟臉！太丟臉了！為什麼我的超能力這麼快就消失了？

我害羞的在地上打滾了好一陣子，等臉上的熱度退去後，才慢慢冷靜下來。

隱形的風險似乎有點高，一不小心就會變成暴露狂，這樣在成為拯救世界和幫助人類的超級英雄前，我應該會先被警察抓走！

我還是放棄隱形，培養其他超能力吧！

對了，老師說過光的前進速度很快，如果我能以光速奔跑，剛剛就能迅速跑回房間了！

好，接下來要擁有的超能力就決定是光了。不過要學習哪些知識，才能擁有光的超能力呢？從今天開始，我一定要努力發掘光的祕密！

超能力小百科

光可以慢慢走嗎？

老師說光的前進速度很快，那有沒有方法可以讓光慢慢走呢？如果能讓光的速度慢下來，我應該可以趁機跳到上面，乘著光飛來飛去吧！

由於今天發生的暴露狂事件實在太糗了，我不好意思再去問媽媽，所以決定自己查百科全書。書上說，光具有很多性質，其中有三項是媽媽之前提過的：沿著直線傳播、反射、折射。

光的路徑是直的，即使前方有障礙，光也會毫不猶豫的前進，這就是沿著直線傳播。大家知道為什麼會有影子嗎？當光被不透明的物體阻擋，物體後方就會形成影子，這也是因為光具有沿著直線傳播的性質，如果光不是直線前進，就不會有影子了。

媽媽說過，光的前進如果被某個物體擋住，光會被反彈而射往另一個方向，這就是反射。如果光不會反射、能穿過所有物體，世界上所有東西就會是透明的，如果隱形人真的存在，就是因為光不會反射，而是直接穿過的緣故。

話說回來，光到底能不能慢慢走呢？答案是可以慢一點，但是不能很慢。這就關係到接下來要說的折射了。

光會隨著穿過的物體內的速度不同而產生彎曲，這個現象稱為折射，物體的折射率越高，光穿透時的速度會越慢，也就更彎曲。例如放在盛水杯子裡的吸管，因為光從折射率較低的空氣進入折射率較高的水中，光就會彎曲，讓吸管看起來像折斷了，這就是光的折射所造成的現象。

嘻嘻！我終於理解讓光慢慢走的方法了！看來我很快就能擁有光的超能力，可以像乘坐觔斗雲來去自如的孫悟空一樣，乘著光在天空到處玩耍了！

事件 5

眼睛變成遙控器！

本來想在全家人面前表演隱形人變身，結果卻變成暴露狂登場，光是想起這件事就讓我覺得超級丟臉！

但是經過這件事，我可以肯定超能力的確來自小隕石，只是無法維持很長的時間，為什麼呢？老師曾經說過：「知識就是力量。」難道超能力之所以很快消失，是因為我擁有的知識太少嗎？

就是這樣！因為我學到新的科學知識，就會具備與那個知識相關的超能力，如果知識太少，超能力的能量自然會不夠。為了成為一位真正的英雄，我必須讓超能力維持更長的時間，也就是我必須學習更多、更充實的科學知識。

我躺在客廳的沙發上，手上拿著小隕石，腦袋正在思考超能力的事，姐姐忽然走到我身旁。

「你拿著那顆髒兮兮的小石頭要做什麼？而且還一直呆呆的看著它。」

想到我可以藉由超能力成為英雄，我的心情就很好，對於姐姐的話也毫不在意，還對她露出開心的微笑。

姐姐被我的反應嚇了一跳，她往後退了一點，雙手插腰，警戒的瞪著我。

「真可疑！你該不會又在想整我的方法吧？」

看來姐姐對之前被我電到的事仍感到害怕，即使生氣也不敢找我算眉毛的帳。雖然姐姐對我的一舉一動都膽顫心驚的樣子很有趣，但是不趁機做點惡作劇，那就辜負她對我的「期望」了。

趁姐姐不注意，我悄悄從沙發上爬起來，模仿電影裡看到的殭屍，一邊發出奇怪的聲音，一邊搖搖晃晃的走向她。

「救命啊！」

一轉頭就看到我裝出的可怕模樣，姐姐果然嚇得大聲尖叫，後退時還不小心絆到腳，整個人跌坐在地上。

姐姐的反應讓我哈哈大笑。她發現被整後，雖然很生氣，但是想到之前被電擊的事就不敢找我算帳，只好鬱悶的跑回房間。

玩笑開夠了，我再次認真思考超能力的事。雖然決定要學習更多、更充實的科學知識，但具體來說，到底要學什麼呢？在電器公司上班的爸爸，或許知道很多、很厲害的科學知識，於是我走到爸爸的書房。

原本以為爸爸應該忙著研究或實驗，結果他只是用手托著下巴在打瞌睡。不管在什麼地方、用什麼姿勢都可以睡著，我想這就是爸爸的超能力吧！而且他的超能力不僅如此，如果有小偷來我們家，

在偷到東西前，就會被爸爸有如打雷一樣的超大打呼聲嚇跑吧！

為了盡快學習科學知識，我只好搖醒爸爸，結果他像是被嚇到一樣，突然站起來說：「是的，我快完成了！」

等爸爸回過神，發現是我叫醒他，立刻鬆了一口氣。「我還以為是老闆來問我研發的進度呢！」

「爸爸，你最近在研發什麼？」

爸爸嘆了一口氣。「遙控器。」

「遙控器很常見啊！為什麼你們公司還要再研發遙控器？」

「我研發的不是一般的遙控器，而是能像手錶一樣戴在手上的高科技遙控器。透過它，可以輕鬆控制家裡所有的電子產品喔！」

　　爸爸拿起桌上的電視遙控器，用手指不斷按壓按鈕。「現在常見的遙控器大多是透過發射紅外線來控制，電視等被控制的電器上則有接收紅外線的裝置。」

　　我好奇的繼續詢問關於遙控器和紅外線的知識，聽完爸爸的講解後，我立刻跑去客廳，將內容整理在我的筆記本上。

發射紅外線的遙控器

遙控器的前方通常有一個小小的燈泡，它叫做紅外線發光二極體，作用就是發射紅外線，如果用手擋住它，即使按下遙控器的按鈕，也無法進行控制，這是因為紅外線沒有發射出去。既然遙控器上有發射紅外線的裝置，電視等被控制的電器上，當然也有接收紅外線的裝置，而且會安裝在容易接收的地方。

紅外線是電磁波的一種，其他像是電臺廣播使用的無線電、微波爐使用的微波、日晒床使用的紫外線等，它們也是電磁波。不過除了太陽光等可見光是人眼可以看到或感受到，紅外線等其他電磁波都是我們看不見的。

這麼多電磁波中，為什麼遙控器要選用紅外線呢？因為紅外線比較省電且便宜，照在人體上不會造成傷害，遙控的精準度比較高，不容易對其他物體造成干擾。但是爸爸也說，隨著科技日漸進步，現在有很多遙控器不是使用紅外線，例如藍牙控制器。

紅外線的缺點是無法發射到太遠的地方，另外，如果中間隔著木板等厚重的東西，紅外線也無法穿過。難怪有時候不管我怎麼按遙控器的按鈕，電視都不會切換頻道，原來是我不知道紅外線的特性啊！

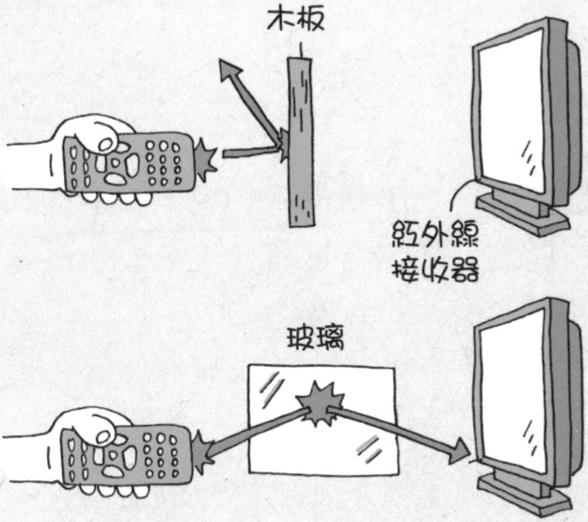

當我坐在客廳，認真整理爸爸教我的科學知識時，我的身體出現了熟悉的奇怪現象：被風吹得渾身冰冷、彷彿有人從後面推我、刺刺麻麻的感覺跑遍全身——沒錯，這是我要擁有超能力的訊號！

這次會擁有什麼超能力呢？我看看自己和四周，結果發現電視的頻道正在嚓嚓嚓的切換！可是客廳裡只有我，遙控器也好端端的放在桌上，為什麼電視會自己切換頻道？

我用力眨了好幾下眼睛，想確定自己沒看錯，結果——

嚓！嚓！嚓！嚓！嚓！嚓！嚓！

電視總共切換了七次頻道，我剛剛好像也是眨了七下眼睛。

難道這次的超能力是可以用眼睛發射紅外線嗎？我又眨了幾次眼睛，再計算切換的頻道，果真能對上！我的眼睛變成遙控器了！

每次看電視，我都要和姐姐展開遙控器爭奪戰，搶著切換到自己想看的頻道。有了這個超能力，我就不用搶遙控器了，想看哪個頻道就自己眨眼睛來切換，太開心了！比起爸爸要研發的手錶型遙控器，我這個「眼睛遙控器」絕對更方便！

但是沒一會兒，我就發現這個超能力一點也不好用！

我喜歡的卡通頻道在23臺、77臺和96臺，如果要用「眼睛遙控器」來切換到這些頻道，我的眼睛就要眨23下、77下和96下！如果每天都要用這種方式來遙控電視，那我的眼睛很快就會變得和金魚的眼睛一樣又紅又腫！

問題不只如此，如果我在看電視的時候眨眼睛，就會切換到下一個頻道，所以我不可以眨眼睛——這怎麼可能辦到！

我第一次覺得擁有超能力一點都不開心，簡直和被處罰沒兩樣！我也第一次希望超能力趕快消失，否則我就不能看卡通了！

在超能力消失前，我都沒辦法看電視，只好躺在沙發上發呆。此時，媽媽從陽臺探出頭。

「多智，快去洗手，準備吃飯囉！」

「好。」

看到我一會兒把小隕石從鼻孔裡拿出來，一會兒又放進去的動作，媽媽大聲的阻止我。

「別再挖鼻孔了，萬一鼻孔裡的黏膜破裂，就會流鼻血喔！你的手現在肯定很髒，待會兒洗手時，別只用水隨便沖洗，記得用肥皂搓揉，才能把手徹底洗乾淨。」

「為什麼用肥皂就能把手洗乾淨？」

媽媽一邊晒衣服，一邊回答：「髒汙的主要成分是油脂，它不能和水溶合，所以洗手時，只用水沖洗是無法去除髒汙的。肥皂同時有親水和親油的成分，如果用它洗手，就可以把不溶於水的髒汙溶出後去除，再藉由水把髒汙帶走，洗碗精、洗衣精等清潔用品也是相同的道理。」

「原來肥皂這麼厲害！」

我經常嫌麻煩，懶得用肥皂洗手。聽媽媽這麼一說，我才知道如果沒有用肥皂，根本無法徹底清潔。

這時候，姐姐拿著課本走過來。「媽媽，我不太明白保存聲音的方式，你可以教我嗎？」

「據我所知，保存聲音的方式有很多種，你想知道什麼呢？」

「你可以從以前的人保存聲音的方式開始說明嗎？我覺得從基礎開始學比較好。」

「以前的人是透過樂譜保存聲音喔！」

「是音樂課看的那個樂譜嗎？」

「沒錯。以前的人從很早就開始進行保存聲音的研究了，最初研究出來的方式，就是用紙做的樂譜來記錄想保存的聲音。」

我在旁邊聽著媽媽和姐姐的對話，努力的想把這個知識也記下來。

「樂譜應該只能記錄音階等，不能真的把聲音保存下來吧？」

「的確不能，但是當時的人只能用這個方法保存聲音，直到某位偉大的發明家發明了留聲機，你們知道是誰嗎？」

「貝多芬？莫札特？蕭邦？」

姐姐說了一大堆音樂家的名字，讓我強烈懷疑她為什麼能在學校名列前茅！媽媽明明說了是「發明家」！

「愛迪生！」

我大聲說出我想到的第一位發明家，姐姐卻轉頭瞪我。

「媽媽說過，愛迪生是讓燈泡普及的人，如果你不知道就不要亂猜。」

然而，媽媽卻對我鼓掌。「多智真厲害，就是愛迪生發明了留聲機！」

聽到媽媽的讚美後，我得意的看了姐姐一眼。

「愛迪生在1877年發明留聲機，它是世界第一個可以錄下和播放聲音的裝置。後來還有許多科學家對這種錄音與播音裝置進行研究，發明出黑膠唱片、卡式錄音帶、CD等。對了，媽媽小時候很喜歡用黑膠唱片來聽音樂呢！」

「黑膠唱片是一個又大又黑的塑膠圓盤，中間還有一個洞，對吧？我在外婆家看過它和播放用的機器，外公經常用它們來聽音樂。」我問過外公，為什麼不用手機或CD聽音樂？外公說，黑膠唱片播放的音樂才有韻味，但這句話我到現在都不懂是什麼意思。

「仔細觀察黑膠唱片，可以看到上面刻著許多和頭髮一樣細的溝槽，它們負責儲存錄下來的聲音。把唱片放上用於播放的黑膠唱片機，唱針在摩擦溝槽後，經過一連串的處理，就能撥放唱片中儲存的聲音。但是時間久了，唱片上的溝槽會因為摩擦而逐漸消失，不僅影響聲音的品質，甚至可能出現雜音，所以後來研發出運用雷射光以非接觸的方式，對聲音進行壓縮與播放技術的CD，它能儲存更多聲音、容易攜帶、不易損壞，音質也更好。」

「聲音要怎麼壓縮？它又不像棉被可以壓扁。」姐姐皺了皺眉，似乎很難想像壓縮聲音是用什麼方法。

「人的腦很神奇，雖然耳朵會把外界的聲波都收集起來，但是腦只會挑選『想聽到的聲音』並做出反應，舉例來說，即使睡著，聽到自己的名字或要下車的站名就會醒來。

壓縮聲音也是同樣的道理，只留下聲音中必要的部分，不必要的部分則去除，例如人的耳朵只能聽到某個範圍內的聲音，那麼這個範圍以外的聲音就可以去除。」

「原來如此，謝謝媽媽。」姐姐拿著課本，回到房間，繼續和科學奮戰。

我也立刻拿起放在客廳桌上的筆記本，詳細寫下媽媽教的內容，這樣我又增加了一個科學知識。

去除不必要
的聲音吧！
其他話我都沒聽到，
只聽到你說我很聰明。

能儲存聲音的 CD

CD 是雷射唱片（Compact Disc）的英文縮寫，一張 CD 的容量大約是 700MB，可以儲存時間總長度約 80 分鐘的聲音。

如果用顯微鏡觀察 CD 的背面，會發現上面有許多細小且整齊的溝槽，它們負責儲存錄下來的聲音。當 CD 播放器讀取 CD 時，裡面的雷射頭會發射雷射光束並打在溝槽上，經過一連串的處理後，就能播放溝槽內儲存的聲音。

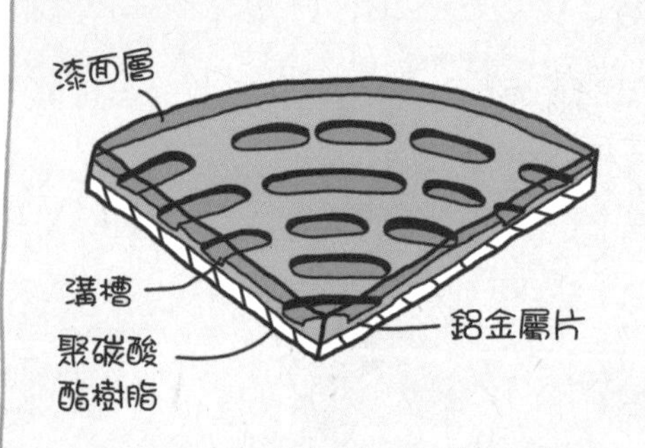

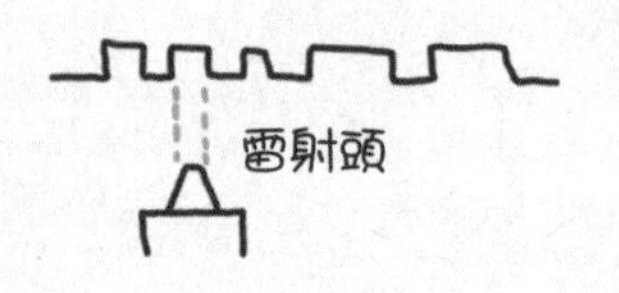

〈CD的構造〉

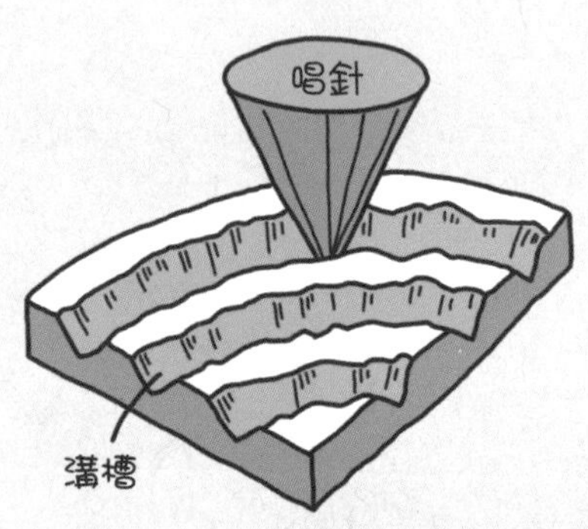

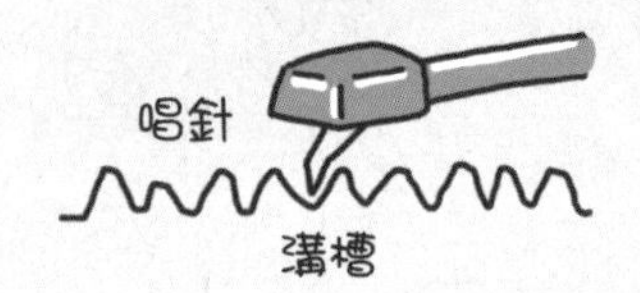

〈黑膠唱片的構造〉

DVD 是數位多功能光碟（Digital Video Disc）的英文縮寫，與 CD 同樣使用了壓縮的技術，一張 DVD 的容量將近是 CD 的 6 倍以上，所以主要用來儲存檔案較大的影片等。

除了針對錄音與播音裝置的改良，現在對於聲音本身也研發出了壓縮技術，也就是透過「音訊檔案格式」。例如聲音若是 MP3 格式，檔案會比較小，但是因為經過壓縮，音質會稍微差一點。如果聲音是完全沒壓縮過的 FLAC 格式，雖然檔案很大，卻可以保證聲音的品質。

媽媽小時候聽的是黑膠唱片，長大後聽的是卡式錄音帶。我現在聽的是 CD，我長大後聽的會是什麼呢？好想知道喔！

我花了許多時間才整理完關於聲音的知識，就在這時候，那些熟悉的感覺又來了！超能力要出現了！這次會是怎樣的超能力呢？

明天早餐要吃什麼呢？

「媽媽，你剛才說什麼？」

媽媽關上冰箱後，一臉疑惑的看著我。「我沒說話啊！」

冰箱裡只剩下青菜，看來明天早餐只能吃白飯配炒青菜了！

「沒有肉嗎？我不喜歡吃青菜啦！」我大聲的向媽媽抗議。

「你在說什麼？」

「媽媽不是說冰箱裡只剩下青菜嗎？我想吃肉，而且早餐如果只吃白飯和青菜，我一整天都會沒力氣。」

媽媽沒有回答我的問題，不知為何，她呆呆的站在原地不動。

老闆說遙控器要體積更小、重量更輕，以現在的技術來說，根本是不可能的事！我要不要建議老闆放棄呢？

「爸爸，你常對我說，不管做任何事，都不可以半途而廢，即使不可能也要堅持到底，所以你也不能輕易放棄。」

「我沒說話啊！」從書房走出來的爸爸，聽到我的話之後，和媽媽一樣，也呆站在原地。

「可是我明明聽到你們說話了！」

多智最近很奇怪，要帶他去醫院檢查嗎？

「媽媽，不用啦！我的身體很健康！」

為什麼多智知道我在想什麼？

他沒事吧？
怎麼辦？
奇怪的孩子！
真的沒事嗎？
唉呀！
難道……
他真的有點奇怪。
好奇怪。
上學太累了？
他怎麼知道我在想什麼？
我剛才什麼都沒說。
生病了？身體不舒服？
要去醫院檢查嗎？
他怎麼會知道？
還是在惡作劇？
或者只是剛好說對了？
真的假的？
怎麼回事？
他最近有點奇怪。
我要不要看一些兒童心理的書？

「爸爸，你是說……」

我趕緊摀住嘴巴，因為我終於發現不對勁了！看來在我了解聲音的祕密後，擁有了可以知道別人想法的超能力。如果我再回覆爸爸想的這句話，他們就會發現我擁有超能力！

為了證明我的推測正確，我用力摀住耳朵，結果爸爸、媽媽的想法還是不斷跑進我的腦袋。我還來不及思考這個超能力可以做什麼，爸爸、媽媽的想法就如潮水般接連湧入我的腦袋，讓我的頭都痛了！

我終於忍無可忍，也不管超能力會不會被爸爸、媽媽發現了！

「爸爸、媽媽，請你們放空腦袋，不要再想任何事了！」

我的請求立刻見效，爸爸、媽媽真的放空腦袋了，所以他們的想法不再跑進我的腦袋，我終於獲得寧靜了。可是沒多久，爸爸、媽媽又開始想事情了。

「老天爺！救救我吧！」

超能力小百科

為什麼能聽到聲音？

起初我以為人類能聽到聲音，是因為有耳朵的關係，但是其實不只如此，經過我辛苦的調查和研究後，終於找到正確答案了。

媽媽說，聲音是因為振動而產生的聲波，就像把石頭丟進池塘，水面會向外產生波紋般，聲音在發出後，也會往四面八方傳播。我們能發出聲音是因為身體裡的聲帶振動，鼓是因為打擊造成鼓面振動而發出聲音，蚊子的嗡嗡聲是因為翅膀快速振動而產生。

可是只有聲音振動是不夠的，必須有「介質」一起振動，聲音才能傳播出去。

介質是什麼呢？最簡單的例子就是你我周圍無所不在的空氣。如果沒有介質，聲音就無法傳播，例如在沒有空氣的外太空，人就無法聽到聲音，太空人必須利用頭盔裡的無線電才能溝通。

除了空氣，水、鐵、木頭……很多東西都是能傳播聲音的介質，所以我們潛水時可以聽到聲音，耳朵貼著地面就能聽到遠處的腳步聲。

介質和振動，聽起來好像很難，不過搭配生活中的例子學習，就能讓科學變得很有趣。我不僅明白了，還能教別人，我真是學習力超強的天才！

超能力小百科

聽聲辨位是真的嗎？

我以前和爸爸看過一部電影，裡面的主角能聽出槍聲來自哪裡，再藉此躲避子彈，真是帥呆了！

但是爸爸卻摸摸鼻子，似乎相當不以為然。

「爸爸，你當兵時，有接受過聽聲音來躲子彈的訓練嗎？」

「那是騙人的，現實中根本不可能辦到。」

「為什麼？」

「因為子彈的速度幾乎和槍聲一樣快，聽到槍聲時，我們大概也被擊中了。」

「真的不可能嗎？子彈的速度多快？槍聲又是多快？」我的疑問也像子彈一樣迅速發射。

「雖然會因為槍枝的種類而有所不同，發射後也會受到空氣的阻力而變慢，不過一般手槍的子彈大約是以每秒 300 公尺的速度飛行。聲音的傳播速度會因為介質而不同，在固態中最快，其次是液態，最慢的則是氣態，例如聲音在鋼鐵中可以用高達每秒約 5500 公尺的速度傳播，但是在空氣中，聲音的傳播速度只有每秒約 340 公尺。」

原來子彈的速度幾乎和聲音一樣快，甚至可能更快。電影中那些藉由聽槍聲來躲子彈的情節，在現實中根本是不可能發生的事。

如果聲音和光賽跑，誰會贏呢？應該根本不能比吧！因為光的速度超級快，一秒可以繞地球七圈半呢！下次天氣不好的時候，大家可以趁機驗證我說的話，閃電會先出現，過了幾秒才聽到轟隆隆的雷聲，這就是閃電（光）比打雷（聲音）快的證據。

國家圖書館出版品預行編目（CIP）資料

超能金小弟1電氣人誕生 / 徐志源作；李真我繪；翁培元譯. -- 初版. -- 新北市：大眾國際書局, 西元2021.11
144 面；15x21 公分 . --（魔法學園；3）
ISBN 978-986-0761-14-6（平裝）

307.9　　110014956

魔法學園 CHH003

超能金小弟 1 電氣人誕生

作　　者　徐志源
繪　　者　李真我
監　　修　智者菁英教育研究所
審　　訂　羅文杰
譯　　者　翁培元

總　編　輯　楊欣倫
執行編輯　徐淑惠
協力編輯　林芩
封面設計　張雅慧
排版公司　菩薩蠻數位文化有限公司
行銷統籌　楊毓群
行銷企劃　蔡雯嘉

出版發行　大眾國際書局股份有限公司 大邑文化
地　　址　22069 新北市板橋區三民路二段 37 號 16 樓之 1
電　　話　02-2961-5808（代表號）
傳　　真　02-2961-6488
信　　箱　service@popularworld.com
大邑文化 FB 粉絲團　http://www.facebook.com/polispresstw

總　經　銷　聯合發行股份有限公司
電話　02-2917-8022　　傳真　02-2915-7212

法律顧問　葉繼升律師
初版一刷　西元 2021 年 11 月
定　　價　新台幣 250 元
I S B N　978-986-0761-14-6

大邑文化讀者回函

謝謝您購買大邑文化圖書，為了讓我們可以做出更優質的好書，我們需要您寶貴的意見。回答以下問題後，請沿虛線剪下本頁，對折後寄給我們（免貼郵票）。日後大邑文化的新書資訊跟優惠活動，都會優先與您分享喔！

您購買的書名：＿＿＿＿＿＿＿＿＿＿＿＿＿＿＿＿＿＿

您的基本資料：

姓名：＿＿＿＿＿＿，生日：＿＿年＿＿月＿＿日，性別：□男　□女

電話：＿＿＿＿＿＿＿＿，行動電話：＿＿＿＿＿＿＿＿

E-mail：＿＿＿＿＿＿＿＿＿＿＿＿＿＿＿＿＿＿

地址：□□□-□□＿＿＿＿＿縣／市＿＿＿＿＿鄉／鎮／市／區

＿＿＿＿路／街＿＿＿段＿＿＿巷＿＿＿弄＿＿＿號＿＿＿樓／室

職業：

□學生，就讀學校：＿＿＿＿＿＿＿＿＿＿，＿＿＿＿＿年級

□教職，任教學校：＿＿＿＿＿＿＿＿＿＿＿＿＿＿

□家長，服務單位：＿＿＿＿＿＿＿＿＿＿＿＿＿＿

□其他：＿＿＿＿＿＿＿＿＿＿＿＿＿＿＿＿＿

您對本書的看法：

您從哪裡知道這本書？□書店　□網路　□報章雜誌　□廣播電視

□親友推薦　□師長推薦　□其他＿＿＿＿＿＿＿＿＿＿

您從哪裡購買這本書？□書店　□網路書店　□書展　□其他＿＿＿＿

您對本書的意見？

書名：□非常好□好□普通□不好　封面：□非常好□好□普通□不好

插圖：□非常好□好□普通□不好　版面：□非常好□好□普通□不好

內容：□非常好□好□普通□不好　價格：□非常好□好□普通□不好

您希望本公司出版哪些類型書籍（可複選）

□繪本□童話□漫畫□科普□小說□散文□人物傳記□歷史書

□兒童/青少年文學□親子叢書□幼兒讀本□語文工具書□其他＿＿＿＿

您對這本書及本公司有什麼建議或想法，都可以告訴我們喔！

＿＿＿＿＿＿＿＿＿＿＿＿＿＿＿＿＿＿＿＿＿＿＿＿

＿＿＿＿＿＿＿＿＿＿＿＿＿＿＿＿＿＿＿＿＿＿＿＿

＿＿＿＿＿＿＿＿＿＿＿＿＿＿＿＿＿＿＿＿＿＿＿＿

220-69

新北市板橋區三民路二段 37 號 16 樓之 1

大邑文化 收

寄件人地址：

□□□-□□ ＿＿縣／市＿＿鄉／鎮／市／區

＿＿路／街＿＿段＿＿巷＿＿弄＿＿號＿＿樓／室

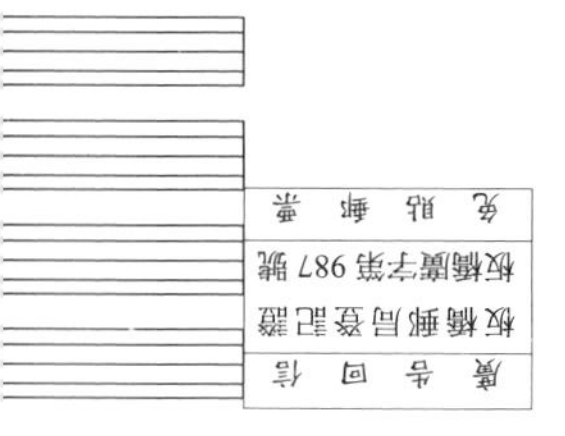

大邑文化

服務電話：（02）2961-5808（代表號）

傳真專線：（02）2961-6488

e-mail：service@popularworld.com

大邑文化 FB 粉絲團：http://www.facebook.com/polispresstw